맛집
에서 만난
지리
수업

맛집에서 만난 지리 수업

알고 먹으면 더 맛있다! 한입에 쏙 지리 여행

초판 1쇄 발행 2023년 10월 5일
초판 3쇄 발행 2024년 8월 20일

지은이	남원상
감 수	이두현
그린이	봉현
펴낸이	이영선
책임편집	이현정
편집	이일규 김선정 김문정 김종훈 이민재 이현정
디자인	김회량 위수연
독자본부	김일신 손미경 정혜영 김연수 김민수 박정래 김인환

펴낸곳 서해문집 | 출판등록 1989년 3월 16일(제406-2005-000047호)
주소 경기도 파주시 광인사길 217(파주출판도시)
전화 (031)955-7470 | 팩스 (031)955-7469
홈페이지 www.booksea.co.kr | 이메일 shmj21@hanmail.net

ISBN 979-11-92988-32-0 03980

맛집 에서 만난

알고 먹으면 더 맛있다!
한입에 쏙 지리 여행

지리 수업

남원상 지음
이두현 감수

서해문집

한국은 러시아, 캐나다, 미국, 중국, 브라질처럼 넓은 영토를 가진 나라가 아닙니다. 우리나라의 국토 면적 순위는 세계 219개국 가운데 108위에 불과하죠. 하지만 이 좁은 땅 안에서도 각 지역의 유명 맛집 음식들은 뚜렷한 개성을 자랑합니다. 다른 먼 고장의 손님이 일부러 찾아와 먹고 갈 만큼 맛있는 이 음식들은 어쩌다 독특한 매력을 품고 전국에 유명해진 걸까요?

그런 호기심으로 이유를 찬찬히 뜯어보면, 서로 다른 환경이 빚어낸 지역의 특성과 거기에 적응하며 지내 온 사람의 삶이 다르기 때문이라는 결론을 얻게 됩니다. 지리와 만나는 순간이죠.

지리는 한반도의 위도와 경도, 히말라야산맥의 위치 등 단순히 지도에 표시된 정보를 외우는 과목이 아니에요. 우리의 얼굴 생김새가 다 다른 것처럼, 위치에 따라 각 지역마다 지형과 기후 같은 자연환경이 다릅니다. 자연환경의 차이는 그곳에서 살아가는 사람들의 역사, 문화, 건축, 산업 등 인문환경을 달라지게 합니다. 쉬운 예로 한반도 북부와 남부의 음식 문화 차이를 들 수 있습니다. 위도상으로 추운 북극과 좀 더 가까워 기후가 서늘한 북쪽에선 음식이 잘 상하지 않으니 소금을 덜 넣은 삼삼한 맛을 즐겼죠. 반면에 더운 적도와 좀 더 가까워 기후가 따뜻한 남쪽에선 음식이 비교적 빨리 상하는 탓에 젓갈처럼 소금이라는 천연 방부제를 듬뿍 넣어 간이 센 편을 선호했습니다. 지금은 냉동이나 냉장 시설이 크게 발달해 소금을 덜 넣고 음식을 만들어도 되지만, 대를 이어 온 입맛이 굳어지면서 북부와 남부 전통 음식의 간은 여전히 차이를 보입니다. 지리는 이런 과정과 특징을 두루 살펴보는 공부입니다.

과목, 공부⋯. 이런 단어들과 엮이면 보통 본능적으로 거부감부터 들게 마련이죠. 저도 그랬습니다. 독서는 즐기면서도 공부는 싫어했거든요. 비슷한 것 같아도 달랐습니다. 책은 내가 재미있어서 읽지만 공부는 어린 시절엔 선생님이나 부모님이 시켜서하는 것, 나이 먹은 뒤엔 시험에 합격하겠다는 목표로 억지로 참고 하는 것이었으니까요. 그런데 지리는 꼭 게임 속을 탐험하는 것 같았어요. 드넓은 세상에 다채로운 풍경이 존재하고, 저마다의 공간에서 각자의 방식으로 사는 사람들의 모습이 흥미진진했습니다. 그 정보를 차곡차곡 두뇌에 입력할 때마다 퀘스트를 하나씩 달성해 가며 경험치를 높이는 듯한 기분이었달까요.

이 책은 여러분도 교과서에서 느끼는 공부의 압박에서 벗어나 게임 하듯 지리를 탐구하는 즐거움을 만끽했으면 하는 바람으로 썼습니다. '맛집'이라는 친숙한 소재를 통해서 말이죠.

지리의 수많은 탐구 대상 중에서 하필 맛집에 초점을 맞춘 데에는 제가 먹보라는 이유도 한몫을 차지합니다. 청소년기엔 부모님이 제발 좀 그만 먹으라며 뜯어말릴 정도로 저의 식탐은 대단했어요. 맛있는 걸 워낙 좋아해서 고등학생 때 학교에서 실시한 장래 희망 조사에 '한정식집 주인'이라고 답할 정도였죠. 그걸 본 친구가 이렇게 충고하기도 했답니다.

"넌 식당 하면 절대 안 돼. 혼자 다 먹어 치워서 망할 거야."

친구의 조언을 새겨들었는지 맛집 경영의 꿈은 결국 이루지 못했지만, 대신에 좋아하는 음식을 소재 삼아 글을 쓰게 되었어요. 그리고 지금 이 책으로 여러분과 만나게 된 것입니다.

자, 이제부터 전국 21개 지역의 맛집 골목으로 먹보의 여행을 떠나겠습니다. 지리엔 흥미가 없어도 평소 맛집 찾아다니는 걸 좋아한다면, 이 여행을 마칠 즈음엔 여러분도 저처럼 지리 탐구의 맛깔나는 매력에 푹 빠지게 되지 않을까 싶습니다. 어떤 음식이든 그 유래를 알고 먹는 맛과 모르고 먹는 맛은 확실히 다르니까요. 이미 먹어 본 음식이더라도 책을 읽고 난 뒤엔 식재료며 양념이며 그릇에 담은 모양새 하나하나가 전혀 새롭게 느껴질 것입니다. 아는 만큼 보이는 것처럼 아는 만큼 맛있는 법이거든요.

2 도시의 대명사

도시 여행

3 산×강×바다
자연지리 여행

4 항구와 섬이 만든 별미
자연지리 여행 II

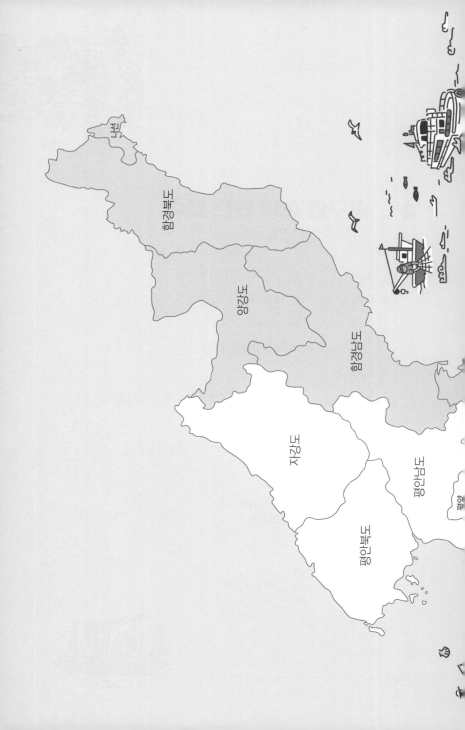

이 책에서 여행할 지역

독도

울릉도

제주
제주특별자치도

괴괴해도 꼿꼿한 뜻이 있어

강원 춘천 막국수

화전 문화의 자취

한국인이 배달 음식으로 가장 즐겨 먹는 메뉴가 치킨이라고 해요. 얼마나 인기가 많으면 '치느님(치킨+하느님)'이란 말까지 생겼겠어요. 그래서 닭고기 하면 치킨부터 떠올리는 경우가 많은데, 저는 기름에 튀긴 닭보다 매콤하고 쫄깃한 닭갈비를 더 좋아해요. 닭갈비 먹으러 멀고 먼 춘천의 단골집까지 종종 다녀올 정도로 말이죠. 그러니 춘천을 대표하는 지역 축제이자 먹거리 축제인 '춘천막국수닭갈비축제'를 결코 놓칠 수 없었답니다.

처음 축제를 찾아간 건 2009년 여름이었어요. 때마침 서울에서 춘천까지 시원하게 뚫린 서울춘천고속도로를 타고, 축제장 천막에 마련된 노천 식당에 앉았죠. 철판에서 금방 구워 낸 닭갈비의 야들야들한 식감과 진한 양념 맛은 지금도 생생하게 기억날 정도로 제 입맛을 단숨에 사로잡았습니다.

이후에도 춘천막국수닭갈비축제에 간 적이 있는데, 궁금한 게 하나 생겼어요. 식당 이름이나 메뉴판을 보면 막국수보다 닭갈비를 앞에 적는 경우가 대부분이거든요. 막국수 한 젓가락에 닭갈비 한 점을 올려 두 음식을 한입에 꿀꺽하기도 하지만, 닭갈비로 먼저 배를 채운 뒤 시원한 막국수로 개운하게 입가심을 하는 경우가 많으니까요. 전문 음식점의 수를 봐도 닭갈비를 파는 곳이 막국수집보다 훨씬 많다고 합니다. 하지만 닭갈비와 막국수를 테마로 하는 지역 축제의 공식 명칭은 막국수의 순서가 닭갈비보다 앞이었던 거예요. 더구나 어느 해에는 현수막에 '춘천닭갈비막국수축제'라며, 두 음식의 앞뒤 순서가 바뀐 채 적혀 있기도 해서 더욱 혼란스러웠습니다. 도대체 이 맛깔스러운 축제 이름에 무슨 일이 있었던 걸까요?

닭갈비보다 형

축제 이름에 대한 궁금증을 참지 못하고 행사 관련 위원회 담당자에게 물어봤어요. 설명을 들으니, 2008년에 제1회 춘천막국수닭갈비축제가 열린 뒤 한동안 끝자리가 홀수로 끝나는 해에는 춘천막국수닭갈비축제, 짝수로 끝나는 해에는 춘천닭갈비막국수 축제로 바꿔 불렀답니다. 2019년부터는 방문객들이 헷갈리지 않도록 춘천막국수닭갈비축제가 공식적인 이름으로 굳어졌고요. 사실 이 축제를 처음 개최하기 전에 이미 '춘천막국수축제'와 '춘천닭갈비축제'가 있었다고 해요. 춘천막국수축제는 1996년부터, 춘천닭갈비축제는 2004년부터 각각 열리다가 2008년에 두 개를 합친 것이죠. 그러니까 나이를 따지자면 막국수축제가 닭갈비축제보다 여덟 살이나 더 많은 형님이었던 셈입니다.

축제만 그런 게 아니라, 음식 자체의 유래나 춘천의 별미로 유명해진 시기도 막국수가 닭갈비보다 형이에요. 춘천에서 닭갈비를 먹기 시작한 건 1960년대 중후반 무렵으로 알려져 있습니다. 춘천은 일찍부터 양계업이 발달해 당시에도 닭고기를 구하기가 비교적 쉬웠거든요.

한편 춘천막국수는 오랜 세월 한반도에서 구황 작물(흉년이 들었을 때 도움이 되는 작물)로 먹어 온 메밀로 만든 음식입니다. 한국인의 주식인 쌀은 벼를 키워 수확할 때까지 강수량, 기온 등은 물론 토양 상태에도 영향을 많이 받는데요. 옛날에는 곡물을 오래 저장하는 기술이 없으니, 비가 너무 많이 오거나 적게 와서 흉년이 들어 쌀이 부족해지면 굶어 죽는 사람들이 수두룩했습니다.

그래서 날씨에 영향을 덜 받고 아무 데서나 잘 자라는 메밀, 기장, 고구마, 감자 등의 작물을 많이 길러 흉년에 쌀 대신 먹었죠. 메밀은 평안도 등 한반도 북부를 비롯해 기후가 서늘한 강원 산간지대에서도 잘 자랐고 여름, 가을에 걸쳐 2모작이 가능한 덕분에 닭갈비보다 한참 먼저 춘천 사람들의 입맛에 스며들었습니다.

가난한 백성들이
'막' 먹었던 국수

공들이지 않고 '막' 만들어 먹는 국수라서, 메밀로 만든 국수는 '막' 먹어도 탈이 안 나서 등등…. 막국수라는 이름의 정확한 유래는 알 수 없지만, '막' 자가 거칠고 품질이 낮은 것에 붙는다는 점을 떠올려 보면 고상하고 우아한 음식이 아니란 건 확실하죠.

이름에서 느껴지는 인상처럼, 막국수는 옛날엔 가난한 백성의 음식이었습니다. 일제 강점기인 1924년 8월 28일 자 〈조선일보〉에는 평안남도 평양의 참혹한 실상을 취재한 기사가 실렸는데요. 집도 없이 움막을 짓거나 땅에 굴을 파고 들어가서 사는 빈민가 사람들이 어쩌다 겨우 배를 채우는 음식으로 막국수가 소개됩니다. 당시 막국수의 맛이나 모양새를 놓고 "괴괴하다(괴상하다)"라고 쓴 것을 보면 어떤 취급을 받은 음식이었는지 짐작할 수 있습니다.

막국수는 같은 신문의 1926년 12월 28일 자 기사에도 등장합니다. 이번엔 평양 빈민가의 혹독한 겨울나기를 다룬 내용인데, "움막살이 집에서 아직까지 솜옷을 입지 못하고 떨어진 겹옷과 홑옷을 입고 덜덜 떨며 앉아서 먹는 것은 식복(먹을 복) 터진 날이어야 막국수 그릇이나 사다 먹고…"란 대목이 나옵니다.

그런데 평양 하면 빼놓을 수 없는 향토 음식이 있죠. 바로 평양냉면입니다. 평양 빈민가에서 먹었던 막국수와 달리, 냉면은 그 시절에도 부자들의 별미로 명성이 자자했습니다. 흥미로운 사실은 막국수나 냉면이나 모두 메밀로 국수를 만든다는 점입니다. 날씨가 추운 평안도 지방은 따뜻한 남부 지방과 달리 쌀보다 메밀이 훨씬 잘 자랐습니다. 그래서 메밀을 활용한 요리가 발달했죠.

핵심 재료가 메밀이란 점은 같지만, 냉면은 메밀의 거무튀튀한 겉껍질을 제거하고 만드는 반면 막국수는 겉껍질을 그대로 넣었습니다. 겉껍질을 일일이 벗겨 내서 만든 냉면 국수는 빛깔이 환해서 먹음직스럽게 보이고 무엇보다 식감이 부드러웠어요. 그 대신 번거롭고 손이 많이 가니까 가격이 비쌀 수밖에 없었죠. 막국수는 겉껍질이 남아 있는 상태라 입안에서 돌가루가 씹히는 듯 가슬가슬한 식감이 영 별로였습니다. 보기에도 시커먼 게 '괴괴'했고요. 하지만 냉면보다 한결 만들기 수월하니 가격이 쌌어요. 이렇듯 메밀 겉껍질이 남아 있느냐, 없느냐의 차이로 부자의 음식 냉면과 빈자의 음식 막국수는 전혀 다른 대우를 받았습니다.

의병의 절개를 품다

메밀은 삼국 시대 이전부터 한반도에서 재배되었다고 합니다. 막국수도 상당히 오래전부터 만들어 먹어 온 음식이었을 텐데요. 춘천막국수가 유명해진 데에는 계기가 있습니다.

춘천시에서 1996년 발간한 《춘천백년사》에 따르면, 춘천막국수는 을미의병에서 비롯된 음식입니다. 을미의병은 조선의 왕비(명성황후) 시해 사건인 을미사변과 단발령에 반발해 1895년 전국 각지의 의병들이 일본의 침략 세력과 조선의 친일 정권을 무너뜨리겠다며 일으킨 항쟁이에요. 이때 강원도 춘천에서는 유생과 농민, 상인, 군인 등 1000여 명이 나섰습니다. 그들은 서울로 진격하며 춘천부 관찰사를 처형하기도 했죠. 하지만 다른 지역의 의병과 마찬가지로 일본군과 조선 관군의 공격에 밀려 결국 뜻을 이루지 못합니다.

그럼에도 춘천의 의병은 끝까지 굴복하지 않았습니다. 일본군의 추적을 피해 깊은 산속에 숨어 항전을 이어 간 것입니다. 그들은 가족과 함께 화전火田을 일구고 메밀, 감자, 콩, 조 등 산지의 척박한 환경에서도 잘 자라는 작물을 심어 먹으면서 산중 생활을 견뎠습니다. 1910년 일제가 조선의 국권을 완전히 앗아 갔지만, 화전민이 된 의병과 그 후손은 산에서 나오지 않고 정착합니다. 이들이 화전에서 재배한 메밀로 해 먹던 막국수도 춘천의 식문화에 서서히 뿌리를 내립니다.

막국수는 한반도 북부나 산지에서 가난한 백성들이 먹던 흔한 음식이지만, 특별히 지역 이름을 붙여 춘천막국수로 불리게 된 데에는 을미의병의 역사가 서려 있습니다. 춘천이 항일 의병의 자랑스러운 본거지였으며 스스로 화전민이 되어 절개를 지킨 의병들로 인해 막국수 문화가 발전했다는 이야기를 품고 있어요.

화전민들은 1960년대까지도 춘천 곳곳에 많았습니다. 화전은 산에 불을 질러 나무를 태워 없애서 만드는 밭이니, 화전의 면적이 늘어날수록 산림 피해가 심각해졌습니다. 이에 정부는 화전민들이 산에서 내려와 생활할 수 있게끔 자금이나 토지를 빌

화전정리사업 이후 화전은 그 흔적만이 철원, 평창 등에 일부 남아 있다.

려주는 한편, 훼손된 산림을 복구하는 '화전정리사업'(1965)에 착
수합니다.

산에서 내려온 막국수

정부 방침에 따라 춘천 시내로 옮겨 와 살게 된 화전민들은 갑자
기 도시에 정착하면서 먹고살 길이 막막했죠. 그래서 많은 이들
이 산에서 늘 해 먹던 막국수를 만들어 팔기 시작했고, 그러면서

시내에 막국수 가게가 들어섭니다. 점차 다른 지역에도 알려지죠. 이 과정에서 막국수의 맛과 형태는 변화를 겪습니다.

우선 국수를 시커멓게 만들면서 가슬가슬 씹히던 메밀 겉껍질이 거의 걸러지고요. 한국 전쟁 이후 값이 저렴한 미국산 밀가루가 많이 수입되면서 오롯이 메밀로만 만들던 국수 반죽에 밀가루를 섞게 됩니다. 메밀국수는 씹을 때 뚝뚝 끊겨서 식감이 별로인데다 워낙 잘 부서져 길쭉한 국수 형태를 유지하기 힘든데, 글루텐(점성 있는 식물성 단백질)이 함유된 밀가루를 섞으면 면발이 쫄깃해지고 젓가락으로 집어 먹기도 편해 손님들이 더 좋아했거든요. 육수나 양념, 고명 역시 이북식 냉면과 비슷해지며 '고급화'를 추구합니다. 하지만 화전민이 먹던 막국수 본연의 투박한 개성과 매력은 사라지죠. 최근 춘천에는 옛 맛을 살려 100% 메밀로 만든 막국수를 파는 곳들이 점점 늘고 있다니 전통을 지킨다는 면에서 다행입니다.

춘천막국수닭갈비축제를 갈 때마다 늘 닭갈비 위주로 축제를 즐기다 돌아오곤 했는데요. 다음번에 다시 가게 되면 축제의 형님인 막국수부터 제대로 체험해 봐야겠어요. 아직 먹어 본 적 없는 '괴괴한' 옛날식 막국수 한 그릇에서 춘천 사람들의 삶과 역사를 맛볼 수 있다면 참 좋겠습니다.

칼칼한 기억을 최고의 감칠맛으로

경기 의정부
부대찌개

도시의 인상을 바꾸다

뚜껑이 열립니다. 널따랗고 둥근 쇠 냄비 안에선 고추장을 잔뜩 풀어 뻘겋게 물든 국물이 보글보글 끓고 있습니다. 식욕을 자극하는 분홍빛 깡통 햄과 소시지, 몽글몽글한 간 소고기, 뽀얀 두부, 쫄깃한 당면, 군침 돌게 하는 김치와 각종 채소가 국물과 어우러져 다채로운 냄새를 풍기며 익어 갑니다. 자, 이제 하이라이트가 남았습니다. 꼬불꼬불한 라면 사리를 국물 속에 투하합니다. 드디어 완성! 수저 위에 하얀 쌀밥을 적당히 떠 올려 국물에 푹 적신 뒤 라면과 햄과 소시지를 얹어 한입에 쏙 넣어 줍니다. 가공육이 뿜어낸 조미료와 향신료가 뒤섞인 칼칼한 국물의 자극적인 감칠맛, 부들부들한 햄과 호로록 넘어가는 라면의 식감, 그리고 묵직하게 균형을 잡아 주는 쌀밥….

경기도 의정부시에서 열리는 '의정부부대찌개축제'에 가면 이

맛을 식당이 아니라 길거리에서도 즐길 수 있습니다. 의정부는 두말할 것 없는 부대찌개의 고장이죠. 부대찌개축제는 2006년부터 이어져 오고 있는데요. 최근 몇 년간은 돼지 열병과 코로나 팬데믹 사태로 취소되거나 비대면 행사로 진행되어 생기 넘치던 예전 축제 분위기를 되찾지는 못했습니다. 그러다 마침내 실외 마스크 착용 의무가 해제된 2022년 가을에 제15회 축제가 열렸죠.

만국기가 휘날리는 의정부부대찌개거리에는 오랜만에 시식 코너가 설치되었어요. 시식회에 참여한 부대찌개 맛집들은 저마다의 자리에서 갓 끓여 낸 찌개를 용기에 담아 방문객들에게 건네며 솜씨를 뽐냈습니다. 겉보기엔 비슷해 보여도 재료나 맛이 서로 다른 부대찌개를 한자리에서 한 번에, 그것도 공짜로 맛볼 수 있는 기회잖아요. 많은 사람들이 몰리면서 코로나로 썰렁했던 거리는 모처럼 북새통을 이뤘습니다. 그럼요, 그래야죠. 축제는 모름지기 왁자지껄 떠들썩해야 제맛이죠. 식당에서 먹어도 좋지만, 활기 가득한 축제장 여기저기서 감탄사가 쏟아지는 가운데 시식하는 부대찌개는 한층 더 맛있게 다가옵니다.

네, 그래서 지금부터 이야기할 지리와 음식은 의정부시와 부대찌개입니다. 의정부는 어쩌다 부대찌개로 거리를 만들고 축제까지 열게 되었는지 따라가 보죠.

부대찌개의 시작은
이성계?

의정부는 조선 시대 최고 행정 기관인 의정부가 설치되어 있었다는 점에서 그 이름이 비롯된 도시입니다. 나라에서 가장 서열이 높고, 또 나랏일을 결정하는 가장 중요한 관청이라면 마땅히 왕과 궁궐이 있는 수도 한양에 있어야 할 것 같은데 좀 의아합니다. 지금으로 치면 서울 대신 의정부에 가서 국무회의(대통령과 국무총리 및 국무위원이 정부의 중요 정책을 심사하고 토의하는 회의)를 여는 셈이니까 의문이 생기지 않을 수 없습니다.

지도를 보면 의문은 더욱 커집니다. 오늘날 의정부시의 경계는 서울 북부의 도봉구, 노원구와 맞닿아 있습니다. 하지만 조선 시대에 한양의 지역 범위는 사대문과 한양도성 안쪽만 해당했습니다(123쪽 참조). 왜 사대문 바깥에서도 한참 북쪽으로 떨어진 곳에 의정부가 설치되었을까요? 당시에는 교통과 도로가 발달하지 않아서 금방 오갈 수 있는 거리가 아니었는데 말이죠. 사연이 있습니다.

조선을 건국한 태조 이성계는 서로 후계자가 되겠다며 싸우는

의정부시 호원동의 위치

아들들 때문에 골치를 썩었습니다. 이 꼴 저 꼴 보기 싫었는지 왕
위에 오른 지 겨우 6년 만에 상왕이 되고 2대 왕 정종을 세우죠.
새 왕은 2년을 넘기지 못하고 물러났습니다. 형제들을 차례로 죽
이고 실권을 차지한 다섯 번째 아들 이방원이 태종으로 즉위한
것입니다. 이성계는 함경도 함흥으로 떠나버립니다. 후계자로 인
정해 주지 않겠다는 뜻을 내비친 것이니까 태종으로서는 불안했

겠죠. 여러 번 사람을 보내서 아버지에게 용서를 빌며 궁으로 돌아와 달라고 부탁합니다.

이성계는 끈질긴 설득에 못 이겨 아들의 곁으로 오는데, 분이다 풀리지 않았는지 쉽게 한양 땅을 밟지는 않았습니다. 함흥에서 내려오다가 지금의 의정부시 호원동 일대에 도착하자 가던 길을 멈추고 그곳에 머물며 태종의 애를 태웠죠. 호원동의 지형을 살펴보면, 광주산맥에서 뻗어 내려온 구릉성 산지가 동쪽과 서쪽에 솟아 있고 남북으로는 중랑천이 흐릅니다. 한양 북쪽은 산들이 겹겹이 둘러싸고 있지만 중랑천 주변은 평탄해서 다니기 쉬우니 북방에서 남쪽의 한양으로 내려올 때 길목이 되는 곳이었어요.

문제는 조선 왕실이 중요한 나랏일을 결정하기 위해선 형식적으로나마 상왕(정종)과 태상왕(태조)에게 허가를 얻어야 했다는 것입니다. 그래서 태종은 수도 한양뿐 아니라 아버지가 머무는 곳에 임시로 의정부를 따로 마련해 이 과정을 처리하라고 명합니다. 그러면서 원래 양주에 속했던 이 일대가 '의정부'로 불리기 시작했다고 합니다. 의정부는 행정 구역상 양주군 의정부읍이었다가 1963년 시로 승격하면서 의정부시가 되죠. 이런 사연으로 의정부역 앞 행복로 광장에는 '태조 이성계 상'이 위풍당당하게 세워져 있습니다.

의정부가 왜 부대찌개의 고장이 되었을까, 라는 질문을 던져 놓고 무슨 뚱딴지같은 소리만 늘어놓나 싶을 텐데 다 관련이 있습니다. 함흥에서 궁으로 돌아오던 이성계가 의정부에 머문 이유는 앞서 설명했듯 이 일대가 북방과 수도를 이어 주는 길목에 있어서인데요. 이러한 지형적 특성으로 인해 의정부는 남북 분단 이후 수도 방위 차원에서 무척 중요해집니다. 북한군이 서울 중심부를 침공할 경우 북쪽에서 진입하는 가장 빠른 육로가 의정부를 지나기 때문입니다.

미군 부대에서 나온
부대고기

실제로 한국 전쟁 때 북한군은 의정부를 집중적으로 공격해 겨우 하루 만에 함락시켰고, 이성계가 지나갔던 그 길을 타고 남쪽으로 내려와 곧 서울까지 점령했습니다. 한국군은 나라의 핵심 기관과 시설이 모여 있는 수도를 빼앗긴 뒤 연합군이 지원할 때까지 후퇴를 거듭했죠. 이런 경험을 교훈 삼아 한국에 주둔한 미군은 전쟁 이후 의정부에 캠프 레드 클라우드, 캠프 스탠리 등 미군

의정부시에 설치되었던 미군 기지

기지들을 잇달아 세웁니다. 수도를 지키는 데 있어 의정부가 얼마나 중요한 지역인지 깨달은 것이죠. 의정부는 주한 미군의 대표적인 주둔지가 되면서 '미군 부대의 도시'로 불립니다.

한편 미군 부대에 고민거리가 생깁니다. 미국인들은 1950~1960년대에도 고기를 많이 먹었는데요. 한국 땅에 건너온 미군 병사들에겐 본국에서처럼 식사 때마다 신선한 고기를 충분히 제공할 수 없었습니다. 당시 한국은 굶어 죽는 사람들이 허다할 정도로 식량이 부족한 나라였으니까요. 그래서 미군은 본국에서 통조림 햄, 소시지 등 가공육을 비행기에 실어 와 주한 미군 부대에 공급합니다.

식료품과 물자 부족에 시달리던 한국에선 미군 군수품 도난 사건이 자주 발생합니다. 한국인 운전사나 도둑들이 군수품 운송 트럭에 실린 물건을 훔친 것이죠. 미군 부대 PX(post exchange, 군부대 내 매점)에서 구한 각종 식재료를 몰래 밖으로 가지고 나와 파는 일도 빈번했습니다.

미국에서 통조림 햄과 소시지는 세계 대공황과 제2차 세계 대전이 일어난 1930~1940년대에 어쩔 수 없이 먹었던 비상식량이었는데요. 먹을 것이 부족한 한국에선 '미군 부대에서 나온 고기'라는 뜻으로 '부대고기'라 불리며 귀한 대접을 받습니다. 부대고기는 부유함의 상징이기도 했죠. 요즘도 설이나 추석이면 스팸 등 통조림 햄 제품을 고급스럽게 포장한 선물 세트를 주고받는데, 이 시절에서 비롯된 풍습입니다.

부대찌개를 부대찌개라
부르지 못하고

부대고기가 부대찌개로 변신한 계기를 마련한 주인공은 '오뎅식당'이라는 가게라고 합니다. 좀 이상하죠? 부대찌개의 원조 음식점 이름이 왜 오뎅식당인 걸까요? 부대찌개에는 오뎅, 즉 어묵이 전혀 들어가지 않는데 말이죠.

오뎅식당은 원래 술과 어묵탕을 팔던 노점상이었습니다. 1960년에 허름한 포장마차에서 장사를 시작했다는데요. 근처 미군 부대에서 일하는 직원들이 때때로 PX에서 구한 햄, 소시지를 슬쩍 가지고 와서는 술안주로 먹게 볶아 달라고 요청했답니다. 이게 맛있다고 소문이 나면서 포장마차를 찾는 사람이 크게 늘었습니다. 그러다가 어느 손님이 밥에 곁들여 식사로 먹을 수 있게 부대고기로 고깃국처럼 국을 끓여 보라고 제안합니다. 그 말에 고추장, 김치, 마늘, 파 등을 넣고 끓인 부대고기 찌개를 선보였고, 이 요리가 엄청난 인기를 얻으면서 의정부부대찌개가 탄생했다고 합니다.

하지만 부대볶음이나 부대찌개를 대놓고 팔지는 못했어요. 미군 부대에 공급된 군수품은 부대 안에서만 소비해야 했고 밖으로 내보내는 것은 엄격하게 금지되어 있었으니까요. 수시로 검문이 있었고 단속에 적발되면 수갑까지 차고 경찰서에 끌려갔습니다. 이처럼 금기된 음식이다 보니, 포장마차 장사로 돈을 벌어 어엿한 부대찌개 전문 식당까지 차리고도 '오뎅식당'이란 옛날 이름을 계속 쓸 수밖에 없었습니다. 당연히 메뉴판에도 부대찌개라는 이름을 올리지 못했고요. 심지어 미국산 햄이나 소시지가 정식으로 수입되어 유통된 후에도 의정부시에선 부대찌개를 의정부찌개, 의정부 명물찌개 등으로 부르게 합니다. '부대'라는 단어가 부정적인 이미지를 떠올리게 한다면서요.

부대찌개가 당당하게 제 이름을 찾은 건 세월이 한참 흐른 뒤입니다. 한국의 맛을 대표해 미국, 중국, 일본 등 해외 식당가에 진출하더니 외국인 관광객이 찾아와 먹을 정도로 관심이 높아지면서 인식이 달라진 것입니다. 의정부시는 이때부터 의정부부대찌개축제를 열고 부대찌개의 고장임을 자랑스럽게 내세웁니다. 의정부부대찌개골목 앞에 걸린 커다란 표지판의 문구도 '명물의정부찌개거리'에서 '의정부부대찌개거리'로 바꾸죠.

미군 기지가 속속 이전되면서 의정부는 더 이상 '미군 부대의 도시'가 아닙니다. 하지만 전쟁과 가난, 그리고 그 속에서 빛을 발한 한국인 특유의 억척스러운 생존력은 의정부부대찌개에 자취를 남긴 채 아직도 팔팔 끓고 있습니다. 무시무시했던 코로나 바이러스의 습격을 딛고 다시 일어선 부대찌개거리와 부대찌개 축제장에서도 그 매운맛의 진정한 가치를 확인할 수 있고요.

첩첩산중 찬바람에 폭설까지?

강원 인제 용대리황태정식

유일무이한 기후 조건

어른들이 흔히 하는 말 중에 "먹을 것 갖고 장난치면 안 돼"가 있습니다. 과거 한국은 만성적인 식량 부족 국가였기 때문이죠. 그 시절엔 먹을 것이 당장 죽고 사는 문제와 직결되어 무엇보다 소중했습니다. 단지 재미를 느끼기 위해 금쪽같은 먹거리를 장난감으로 낭비해서는 안 된다는, 일종의 사회적 금기였던 것입니다.

그런데 시대가 바뀌었습니다. 다이어트가 일상이 될 정도로 먹을 것이 오히려 너무 넘쳐 나서 문제가 되고 있죠. 많은 사람들이 확실한 재미를 느낄 수 있다면, 그래서 그게 새로운 가치를 창출해 낸다면, 이제는 먹을 것으로 장난 좀 쳐도 된다는 발상의 전환이 가능하지 않을까요? 실제로 부뇰Buñol이라는 스페인의 작은 도시에선 매년 8월에 '라 토마티나La Tomatina'란 이름의 토마토 던지기 축제가 아주 성대하게 열립니다. 푹 익은 물컹한 토마토를 으깬 뒤 길거리에서 서로에게 던져 터뜨리며 노는 자리인데, 무려 13만의 토마토가 장난감으로 제공됩니다. 사람도 거리도 온통 붉은빛으로 물드는 이 축제를 즐기러 전 세계에서 수만 명의 관광객이 찾아오면서 부뇰은 엄청난 관광 수입을 벌어들이고 있답니다. 먹을 것으로 장난쳐 큰돈을 버는 것이죠.

라 토마티나와는 여러 면에서 다르지만, 한국에도 먹을 것으로 장난치는 축제들이 생겨나고 있습니다. 그중에서 눈길을 사로잡는 것이 강원특별자치도 인제군 북면 용대리에서 열리는 '용대리황태축제'입니다. 지역 먹거리 축제라고 하면 보통 가수들의 축하 공연이나 요리 체험, 많이 먹기 대회, 할인 판매 등의 행사가 마련되곤 하는데요. 용대리황태축제에는 다른 곳에선 볼 수 없는 독특한 장난이 있어요. 바로 '황태 투호'입니다. 투호는 멀리 놓인 병이나 항아리에 화살을 던져서 꽂아 넣는 전통 놀이죠. 거리와 각도를 꼼꼼하게 계산한 뒤 힘 조절도 잘해야 하니까 그 안으로 쏙 집어넣기가 말처럼 쉽지 않아요. 황태 투호는 화살 대신 황태를 던지는데, 참가한 관람객들은 항아리 안으로 명중시킨 황태를 공짜로 받아 갈 수 있어요. 먹을 것으로 장난쳐서 먹을 것이 생기는 셈이니 아주 경제적인 장난이죠. 라 토마티나처럼 못 먹고 버리게 되지도 않고요.

바다 없는 동네에
뜬금없는 바다 생선

황태 투호는 바다 생선인 명태를 말린 황태가 화살처럼 길쭉하고
단단하면서 가볍기 때문에 가능한 놀이인데요. 축제가 열리는 용
대리의 위치는 특이하게도 태백산맥의 첩첩산중입니다. 인제 동
쪽으로 속초시와 고성군의 바닷가가 있긴 하지만 산을 넘고 넘어
더 가야 합니다. 산속 마을에서 바다 생선으로 축제를 벌이고 있
는 것이죠.

수상한 점은 그게 다가 아닙니다. 주변이 온통 산으로 둘러싸
인 용대리에 '황태길'이라고 불리는 도로가 있거든요. 길가에는
누런 빛깔에 기다란 몸체, 멍한 눈알과 주둥이를 쩍 벌린 커다란
황태 조형물도 세워져 있죠. 황태 조형물에는 '황태마을'이라는
글자가 큼지막하게 적혀 있습니다. 이곳이 해마다 황태축제가 열
리는 장소인 용대리황태마을인데요. 황태마을에선 축제가 열리
지 않을 때에도 황태구이, 황태해장국 등 각종 황태 요리를 파는
음식점이 쭉 늘어서 있습니다. 계곡에서 잡히는 민물고기도 아니
고 바닷물고기 요리를 파는 맛집이 산속에 마을을 이루고 들어서

인제군 북면 용대리황태마을

다니 뜬금없죠?

　용대리의 황태 이야기를 하려면 우선 명태에 대해 알고 넘어
가야 해요. 앞서 말한 것처럼 명태를 말린 게 황태인데, 명태는 건
조하는 방식에 따라 부르는 이름이 다양하거든요.

　말리거나 얼리지 않은 싱싱한 명태는 생태라고 불러요. 얼리
면 동태, 바싹 말리면 북어, 적당히 수분이 남도록 말리면 코다리

라고 하죠. 그렇다면 명태를 말린 황태와 북어는 이름만 다를 뿐 같은 것일까요? 결론부터 말하자면, 조금 달라요. 건조시킨다는 점은 같지만 그 과정에는 차이가 있거든요.

황태와 북어의 차이

우선 북어는 명태를 해안가 덕장(물고기 등을 말리기 위해, 막대기를 나뭇가지나 기둥 사이에 얹어 만든 선반을 매어 놓은 곳)에 줄줄이 내걸어 바닷바람에 말려 만듭니다. 황태도 바람에 건조시키지만, 겨울에 일교차가 극심하고 눈이 많이 내리는 환경에서 말린다는 게 달라요. 이런 곳에선 눈에 덮인 명태가 밤새 매서운 찬바람에 순식간에 얼어버렸다가 낮에 햇볕을 받아 기온이 높아질 때 다시 살짝 녹습니다. 얼리고 녹이는 과정을 반복하면 일반 북어에 비해 수분이 덜 빠져나가 살이 연해집니다. 발효도 되기 때문에 감칠맛까지 더해지는데요. 빛깔이 노르스름하고 살도 약간 부풀어 겉보기에도 북어와는 다르죠.

과거엔 황태를 '노랑태'라고 부르기도 했어요. 《표준국어대사전》에서 '황태'를 찾아보면 '얼부풀어(얼어서 부풀어) 더덕처럼 마

폭설이 내린 황태 덕장

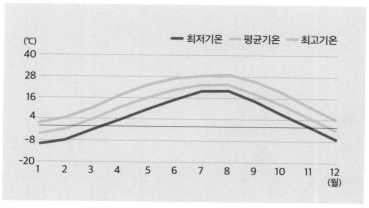

인제군 월별 기온(1991~2020)

한겨울에 해당하는 1월 최저/최고기온은 각각 -10.4℃/1.5℃, 12월 최저/최고기온은 -7.3℃/3.5℃이다. ⓒ기상청 기상자료개방포털

른 북어'라는 뜻과 함께 '빛깔이 누르고 살이 연하며 맛이 좋다'고 나와 있습니다. 황태와 뜻이 같은 단어로 '더덕북어'가 소개되기도 하고요. 더덕 뿌리 같은 질감이 있는 북어라고 해서 이런 이름을 붙인 것입니다. 덧붙이자면, 황태는 북어를 덜 말린 코다리보다 수분이 좀 더 빠진 상태라고 해요. 그러니까 북어와 코다리의 중간쯤인 셈입니다.

다시 정리하자면 맛 좋은 황태를 만들기 위해선 밤에 찬바람이 강하게 불어 영하 10℃ 이하로 온도가 확 떨어져야 하고, 폭설이 자주 내려야 하며, 낮에는 햇볕이 강하게 내리쬐어 날이 적당히 풀려야 합니다.

여간 까다로운 것이 아닌데, 인제군 용대리는 이 조건들을 두루 갖춘 곳입니다. 덕분에 용대리 곳곳에 황태 덕장이 세워졌고, 황태 요리를 파는 식당들이 들어섰고, 황태마을이 조성되었고, 황태길까지 생겼죠. 비록 남획과 지구 온난화로 바다의 수온이 올라가 동해에서 명태가 거의 사라지는 바람에 지금은 러시아산 등 외국산을 수입해 쓰지만, 한국에서 팔리는 황태의 약 70~80%가 용대리에서 말린 것이라고 하니 무슨 설명이 더 필요할까요.

마을 하나를
먹여 살린 비결

지금은 황태 하면 용대리를 으뜸으로 치지만, 1950년대까지만 해도 이 지역에는 황태 덕장이 없었다고 해요. 황태를 인제의 특산품으로 만든 주인공은 한국 전쟁 때 함경남도 원산에서 월남한 이들입니다.

명태 어장과 가까운 함경도 덕원(문천·원산 지역의 옛 이름)의 원산장은 조선 후기 북어의 유통 중심지였습니다. 품질 좋은 북어를 구하려고 전국 각지의 상인들이 이 시장으로 몰려들었죠. 원산장에서 북어는 쌀처럼 화폐 역할을 했을 정도로 중요한 상품이었어요. 이러한 지리적 배경에서 원산 일대의 상인들은 명태를 더 맛있게 말리는 방법을 열심히 연구했고, 그러면서 황태가 나오게 됩니다.

용대리에 황태 덕장이 생긴 시기는 1960년대 초반이었다는데요. 한국 전쟁 이후 이북으로 돌아가지 못하고 속초에 남은 원산 출신 사람들이 황태를 만들기 좋은 장소를 찾아다니다 진부령에서 산바람이 세차게 내리치는 용대리까지 오게 되었다는 것입니다.

그들이 고향에서 먹던 황태는 적당히 꼬독꼬독한 식감과 감칠맛이 일품이었습니다. 하지만 남한의 바닷가는 위도가 높은 북한보다 날씨가 따뜻해서 아무리 공을 들여 명태를 말려도 일반 북어처럼 바싹 마르기만 했어요. 속초 서쪽의 산속에 와서야 함경도처럼 겨울에 낮과 밤의 온도 차가 크고 폭설이 자주 내리는 최적의 덕장 입지를 발견할 수 있었죠. 대관령이 있는 평창 횡계리도 기후 조건이 비슷해서 덕장이 세워졌는데, 안개 때문에 황태가 변색되는 경우가 있어서 덕장은 용대리 쪽에 훨씬 많다고 합니다.

　이후 용대리황태는 관광 자원이 됩니다. 1980년대쯤 설악산과 진부령 스키장이 인기 여행지로 떠오르기 시작하는데요. 두 곳으로 향하는 길목에 용대리가 자리한 덕택에 본고장 황태 맛을 보겠다며 들러 가는 관광객의 발길이 덩달아 늘어납니다. 이런 변화에 힘입어 황태 요리를 파는 식당들이 하나둘 생기자, 인제군은 1999년 용대리에서 '제1회 인제황태축제'를 열며 대대적인 홍보에 나서죠. 이 축제가 지금의 용대리황태축제입니다. 현재는 주민의 90% 이상이 황태 덕장이나 상점, 음식점을 운영하며 황태 관련 산업에 종사하고 있다니, 황태가 용대리를 먹여 살린다고 해도 과언이 아닙니다. 첩첩산중에 웬 황태축제며 황태길에 황태마을이 있는지, 이야기를 시작하면서 던진 의문들이 이제는 깔끔하게 풀렸죠? 결국 모든 답은 지리에 있습니다.

산길 따라 걸은 고등어, 여왕을 만나다

경북 안동
간고등어

분지가 만든 전통

지역 축제 가운데는 먹거리 축제가 참 많습니다. 한국관광공사 홈페이지에 등록된 것만 세어도 무려 180여 개에 달하죠. 그런데 자세히 뜯어보면 겹치는 것들이 꽤 있습니다. 예를 들어 한겨울의 빙어축제는 얼어붙은 호수가 있는 인제·양평·강화 등에서, 가을의 사과축제는 충주·문경·청송·영주 등 사과로 유명한 여러 산지에서 열려요. 그런 점에서 볼 때 '안동간고등어축제'(명칭과 형식은 해마다 조금씩 바뀝니다만)는 확실한 존재감을 자랑합니다. 부산에 고등어축제가 있긴 하지만, 간고등어와 고등어는 엄연히 다른 음식이잖아요. 간고등어는 안동 고유의 향토 음식이고 간고등어축제는 오직 안동에서만 열립니다.

테마만 특별한 게 아니에요. 축제의 하이라이트 행사를 꼽자면 이색적인 볼거리로 분위기를 띄우는 퍼레이드가 아닐까 싶은데요. 브라질의 '리우 카니발'만 봐도 거대한 조형물이 행진하고 댄서들이 열정적인 삼바를 선보이는 화려한 퍼레이드가 눈길을 사로잡죠. 안동간고등어축제에도 아주 독특한 퍼레이드가 있습니다. 축제의 시작을 알리는 '안동간고등어 육로 운송 재연 행렬'입니다. 새하얀 전통 무명옷 차림에 노란 패랭이까지 갖춰 쓴 보부상들이 옛날 방식으로 고등어가 실린 소달구지를 끌거나 지게에 봇짐을 짊어진 채 행진을 벌이는데요. 마치 타임머신을 타고 과거로 돌아간 것 같은 진풍경입니다. 거기에 흥겨운 풍물놀이가 더해지면서 귀도 덩달아 즐거워집니다. 어디 그뿐인가요? 축제장 곳곳에서 간고등어 굽는 고소한 냄새에 코도 신나고, 짭짤한 간고등어 한 점에 입도 행복해집니다. 그야말로 온몸으로 만끽하는 축제입니다.

소금과 발효의
절묘한 조화

음식을 한입 먹고 "간이 딱 맞네" "간이 잘 안 맞네" 같은 말을 곧잘 하잖아요. 간고등어의 '간'도 같은 뜻입니다. 소금이나 간장처럼 음식에 짠맛을 내는 양념을 의미하죠. 짭짜름하게 소금 간을 한 고등어를 간고등어, 혹은 자반고등어라고 부릅니다.

안동간고등어는 단지 소금 간만 하는 것이 아니라 일정 시간 동안 발효를 거칩니다. 일반적인 자반고등어와의 차이입니다. 실제로 맛을 보면 알 수 있어요. 입맛을 자극하는 짭조름한 간과 더불어 살짝 마른 생선 살에서 느껴지는 쫄깃한 식감, 그리고 숙성 과정에서 자아낸 감칠맛이 어우러진 최고의 밥도둑이죠. 이런 별미가 만들어진 건 안동의 지형적 조건 때문입니다.

안동은 온통 산으로 둘러싸인 내륙 분지입니다. 안동호와 낙동강을 중심으로 동쪽으로는 태백산맥, 북쪽으로는 소백산맥과 학가산, 영지산 등 주변으로 험준한 산지가 발달해 있습니다. 이 일대를 일컬어 안동 분지라고 부릅니다. 생선을 잡을 수 있는 환경이라고는 호수와 강뿐인데, 바다 생선인 고등어는 당연한 얘기지만 민물에 살지 않습니다.

자, 간고등어의 기원을 찾아 안동의 동쪽으로 가 보죠. 태백산맥 부근에 경상북도 영양군과 청송군이 있고, 다시 동쪽으로 더 가면 동해와 접한 영덕군이 있습니다. 안동간고등어는 영덕 앞바다에서 잡혀 태백산맥을 지나 서쪽으로 건너온 고등어입니다. 지금은 안동에서 영덕까지 도로가 뚫려 있지만, 옛날에는 두 지역

사이에 솟은 태백산맥을 넘어 다녀야 해서 통행이 어려웠습니다. 거리상으로 80km나 되는데 자동차 같은 교통수단도 없는 시대였고요. 걸어서 지역을 오가며 장사하는 보부상들은 영덕 바닷가에서 고등어를 봇짐에 싸거나 소달구지에 실어 산길을 지나 안동까지 가져와 팔았습니다. 이게 꼬박 1박 2일이 걸렸다고 해요. 하물며 옛날에는 냉동이나 냉장 시설이 없었잖아요. 고등어는 워낙 잘 상하는 생선이라 실온에서 온전히 버틸 수 있는 시간이 딱 이틀이라고 합니다. 그래서 안동에 도착하자마자 소금을 뿌려 상하는 걸 막았고, 그 결과 영덕간고등어가 아닌 안동간고등어가 탄생합니다.

염장하는 방식도 독특했어요. 동이 틀 무렵 영덕에서 고등어를 싣고 부지런히 출발한 보부상들이 온종일 산길을 걸어 안동의 동쪽 끝자락에 있는 챗거리장터(지금의 안동시 임동면)에 도착한 것은 해가 저물 즈음입니다. 여기서 다시 최종 목적지인 서쪽의 안동장(지금의 안동구시장)까지 가기엔 너무 늦으니 챗거리장터에 머물렀죠. 이때 생선을 소금으로 절이는 전문가인 간잡이(간쟁이)들이 밤사이 고등어가 상하지 않게끔 생선 배를 갈라 내장을 빼낸 뒤 그 안에 굵은 소금을 잔뜩 뿌렸습니다.

소금범벅이 되어 챗거리장터에서 하룻밤을 보낸 고등어는 다

안동간고등어길

음 날 아침 안동장을 향해 출발하는데요. 가는 도중에 바람과 햇볕에 숙성되어 발효를 거치며 맛을 북돋우는 효소가 마구 생겨납니다. 자갈과 흙 때문에 길이 울퉁불퉁하니 지게나 달구지가 덜컹거릴 때마다 남아 있던 물기가 쏙 빠져나가 간이 생선 살에 속속들이 잘 배어들고, 쫀득한 식감까지 더해져요. 그렇게 안동장에 도착하면 또 한 번 소금 간을 해서 간고등어를 완성합니다. 안동간고등어축제의 하이라이트인 육로 운송 퍼레이드는 바로 이 과정을 재연한 것입니다.

전통과 가족을
지키는 음식

보부상들이 갖은 고생을 하며 내륙의 안동까지 고등어를 팔러
간 건, 지역에서 가장 큰 시장인 안동장에서 이 생선을 찾는 수요
가 탄탄했기 때문입니다. 먼 길을 이동하고 염장 작업 등 관리에
도 각별히 신경을 써야 하니 여간 성가신 게 아닙니다. 유통이 발
달하지 않았던 시절에 구하기 쉽고 값싼 지역 농산물이 있는데도
왜 굳이 바다 생선을 챙겨 먹었을까 싶은데요. 이 또한 지리와 관
련이 있습니다.

산지로 에워싸인 분지에 자리한 안동은 옛날엔 바깥의 다른
지역과 교류하기 쉽지 않았습니다. 하지만 지역의 토속적 전통과
고유한 문화가 변하지 않고 보존된 채 대대로 이어져 내려오는
데 유리했어요. 조선 시대 이후 안동이 유교 문화의 중심지가 되
고, 많은 유학자와 선비가 나오며 양반집들이 생긴 건 폐쇄적인
지형의 영향이 컸습니다.

조선은 유교를 숭상한 나라죠. 덕분에 유학자 출신이 많은 안
동의 양반집들은 왕실로부터 엄청난 토지를 하사받아 풍족한 생

활을 누렸고, 안동은 지역의 중심으로 발달할 수 있었습니다.《조선왕조실록》의 〈중종실록〉 82권에도 '안동은 다른 고을과 달리 땅이 넓고 백성이 많아 고을 중에서도 가장 큰 곳'이라는 대목이 나옵니다. 행정 구역 역시 대도호부大都護府(지금으로 치면 광역시)로 지정되어 중요한 장소로 대우받았고요. 안동의 대표적인 시장인 안동장은 과거에 '부내장'으로 불렸는데, '도호부 안에 서는 시장'이라는 자신감이 깃든 이름입니다. 이런 배경에서 안동장에는 돈 많은 손님과 주변 상인들이 찾아왔죠.

안동의 양반들은 대부분 같은 성姓과 본本을 가진 친척끼리 한마을에 모여 집성촌을 이루고 살았어요. 옆집에는 아우가 살고, 또 그 건넛집에는 사촌 동생이 사는 식으로요. 그래서 서로의 집을 방문하는 일이 잦았는데요. 결혼, 장례, 제사 등이 있는 날엔 한 핏줄인 마을 주민들이 한꺼번에 모여 의례를 치러야 하니, 어느 집이든 늘 손님을 대접할 먹거리를 갖춰 놓아야 했습니다. 간고등어는 맛있으면서도 워낙 짜서 한 마리 구워 놓으면 여러 사람이 나눠 먹으며 밥 한 그릇씩 뚝딱할 수 있어 손님상에 올리기 아주 좋은 반찬이었어요. 특히 제사상에는 생선을 올려야 해서 간고등어는 항상 잘 팔렸습니다. 유교의 영향으로 안동에선 제수(제사에 쓰는 음식)가 유달리 발달하는데, 간고등어도 안동 소주와

안동시 풍천면 하회 마을
우리나라의 대표적인 집성촌이다. '하회(河回)'란 마을 주위를
휘돌아 흐르는 낙동강이 회回 자와 닮아 붙여진 이름이다.

함께 지역을 대표하는 향토 음식으로 자리를 잡습니다.

영국 **여왕 생일상**에
오르다

이렇게 특별한 음식이지만 전국에서 찾게 된 건 그리 오래전 일
이 아니에요. 안동간고등어가 주목받은 계기는 1999년 안동에서
열린 엘리자베스 2세 영국 여왕의 생일잔치였습니다. 영국 군주
로서는 최초로 한국에 온 여왕은 가장 한국적인 장소를 가 보고
싶다며 안동 하회 마을을 찾았어요. 마침 그날이 여왕의 일흔세
번째 생일이라, 하회 마을에서는 안동의 향토 음식으로 생일상을
마련했습니다. 여기에 안동간고등어가 한자리를 차지하며 미디
어의 큰 관심을 받게 되죠.

여왕의 생일상에는 생채, 숙채, 전, 신선로 등 19첩의 각종 반찬이 오른
다. '간고등어' '명태 보푸리' 등 안동에서만 예부터 전해 오는 전통 음
식도 곁들여지며 후식으로 '안동 식혜'가 제공된다. 간고등어는 싱싱
한 고등어에 소금을 뿌린 뒤 절인 것으로 경상도에서는 '안동간고등

어'로 불리며 일반 간고등어와는 비교가 안 될 만큼 그 맛이 뛰어나다.

이런 기사들이 쏟아지면서 여왕이 먹어 본 안동간고등어가 대체 어떤 맛인지 궁금해하는 사람들이 많아졌습니다. 이 기회를 살려, 같은 해 '안동간고등어'라는 상품이 시장에 나옵니다. 그다음 해에는 안동간고등어를 포함한 '해산물의 육로 체험 길놀이'가 열렸어요. 현재 안동간고등어축제의 주요 행사인 운송 행렬이 이때 처음 재연된 것인데요. 흥미로운 볼거리에 힘입어 안동간고등어는 더욱 화제가 되었고, 새마을호 열차에서 제공하는 전국 유명 특산품 판매 목록에 포함되기도 합니다.

안동의 지리적 입지가 아니었다면 이 독특한 생선은 나올 수 없었을 거예요. 이제는 전통 방식으로 만들지 않고 현대화된 공장에서 오랜 경력의 간잡이 명인에게 생산 공정을 맡겨 염장과 숙성 과정을 개발하는 식으로 맛을 내지만요. 건강한 저염식을 선호하는 요즘 사람들의 취향에 맞춰 소금을 뿌리는 양도 예전보다 크게 줄였어요. 시대가 바뀌며 안동간고등어도 달라진 것이죠.

단짠단짠
130년
역사를 비비다

인천 차이나타운
짜장면

바닷길을 둘러싼
힘겨루기 속에서

옛날 옛날에, '지오디god'라는 아이돌 그룹이 데뷔를 했어요. 음…. '옛날 옛날에'로 시작했지만 간고등어가 유명세를 타기 시작한 1999년의 일입니다. 요즘도 활동하고 있는 지오디에겐 '옛날'이란 표현이 실례일지도 모르겠고요. 하지만 이 글을 읽는 여러분에게는 태어나기도 한참 전에 있었던 일이니 그냥 적기로 하죠, 옛날 옛날에….

아무튼 지오디의 데뷔 음반에 실린 〈어머님께〉라는 노래가 당시 대박을 터뜨렸습니다. 랩 가사 가운데 "어머님은 짜장면이 싫다고 하셨어"라는 구절이 많은 이들에게 또렷이 각인되었죠. 배경을 설명하자면 〈어머님께〉는 아들이 어머니께 바치는 후회의 노래입니다. 가난한 탓에 매일 라면만 먹는 게 지겹다며 밥투정을 했는데, 어머니가 숨겨 둔 비상금을 털어 짜장면을 한 그릇 시켜 줍니다. 같이 나눠 먹자고 권해도 어머니는 짜장면이 싫다며 한사코 거절하죠. 아들은 진짜 그런가 보다 하고 혼자 짜장면을 냠냠 맛있게 먹어 치웁니다. 나중에서야 자식이 편하게 먹을 수 있게 해 주고 싶었던 어머니의 진심을 헤아리게 되고요.

사람들이 유독 "어머님은 짜장면이 싫다고 하셨어"라는 가사에 꽂힌 건 대부분 공감할 수 있는 경제적 어려움과 어머니를 향한 그리움을 담은 '옛날' 감성 때문이었습니다. 짜장면이 누구나 좋아하는 외식 메뉴였다는 점도 한몫을 했어요. 요즘처럼 바깥에서 먹는 음식이 다양하지 않았던 '옛날'에는 짜장면이 최고였거든요. 그 시절에 짜장면이 싫다는 말은 거짓말일 가능성이 높았던 것이죠.

'옛날' 사람인 저도 어렸을 적부터 짜장면을 무척 좋아했어요. 달달 볶은 양파와 고기가 어우러진 '단짠'의 맛 하며, 소스에 잘 비벼진 촉촉한 면발의 매력을 어떻게 마다할 수 있겠어요? 어른이 된 뒤에도 짜장면 좋아하는 입맛은 그대로입니다. 그러니 얼마나 설렜겠어요. 2023년에 '인천차이나타운짜장면축제'가 열린다는 소식을 접했을 때 말이죠.

1년 내내 축제장 같은
차이나타운

지하철 1호선 인천역 앞 도로 건너편에는 신기한 건축물이 우뚝 서 있습니다. 주황빛 기와에 울긋불긋 화려한 색감과 무늬로 기둥을 장식한 중국식 패루입니다. 패루는 옛날 중국에서 길거리에 설치한 커다란 문인데요. 이 높다란 패루만 보고 있자면 중국에 와 있는 건가 착각이 들 정도입니다. 패루 위에는 황금색 글씨로 '中華街중화가'라고 쓴 현판이 걸려 있어요. '중국 거리'라는 뜻이죠. 그 뒤로 펼쳐진 오르막길 골목이 바로 인천 차이나타운, 짜장면축제가 열리는 현장입니다.

혹시 짜장면축제를 놓쳤더라도 너무 아쉬워하진 마세요. 인천 차이나타운은 평소에도 중국풍의 먹을거리와 역사적인 볼거리가 가득해 1년 내내 축제가 열리는 분위기거든요. 빨간 장식과 건물이 즐비한 이색적인 풍경도 꼭 축제장에 들어선 것 같은 기분이 들게 하고요. 그래도 좀 섭섭하다고요? 그렇다면 차이나타운에 자리한 짜장면박물관을 찾아가세요. 짜장면의 모든 것이 전시되어 있습니다. 박물관을 구경하고 근처 식당에서 짜장면 한

차이나타운 제1패루

산둥반도와 인천의 위치

그릇을 맛있게 먹고 나면 아쉬움이 말끔히 사라질 거예요.

　짜장면축제나 짜장면박물관이 인천 차이나타운에 있는 건 바로 여기가 짜장면을 탄생시킨 곳이기 때문입니다. 중국 음식이지만 발상지는 한국인 이유는 인천의 지리에서 찾을 수 있어요. 북위 37° 부근에 위치한 인천은 한반도 한가운데에서 서쪽으로 서해와 접한 항구 도시입니다. 지리적으로 바다 맞은편에 있는 중국의 산둥반도와 가깝죠. 이러한 이점을 살려 백제나 고려는 인천을 해상 활동의 거점으로 삼았습니다. 그러나 조선 시대에 바닷길을 막는 정책이 시행되면서 지금의 인천항 일대인 제물포는 조용한 어촌으로 쇠퇴합니다.

제물포가 변화를 맞은 건 19세기 중반입니다. 제국주의 열강들이 인천 공략에 나선 게 계기였어요. 서해와 한강을 통해 수도 한양으로 향하는 입구에 위치해 있으니, 인천을 손아귀에 넣으면 조선 왕실을 쉽게 굴복시킬 수 있다고 판단한 것이죠. 그로 인해 인천 강화도에선 프랑스가 일으킨 병인양요(1866), 미국이 일으킨 신미양요(1871) 같은 군사적 충돌이 이어집니다. 일본도 1875년 신식 전함 운요호를 앞세워 강화도에 포격을 퍼붓고 영종도를 침략하는데요. 이 사건이 인천의 운명을 뒤바꿔 놓게 됩니다.

산둥에서 온
노동자의 새참

쇄국을 고집하던 조선은 결국 일본의 강압에 의해 강화도 조약(1876)을 체결하고 개항에 합의했어요. 이로써 부산, 원산, 인천의 항구를 열고 청나라를 비롯한 서양 열강과 잇달아 통상을 시작했습니다. 인천의 개항장으로 지정된 제물포에는 근대식 항구

시설이 세워지고 각국의 영사관이 들어서며 외국 문물이 밀려들어 옵니다.

특히 청·일 양국의 개입이 더욱 심해지면서 제물포에는 1883년 일본 전관조계, 1884년 청국 전관조계와 각국 공동조계가 차례로 설치됩니다. 조계란, 개항장에 외국인이 자유롭게 거주하며 치외 법권(다른 나라의 영토 안에 있으면서도 그 나라의 법을 적용받지 않는 권리), 상업 활동 등 다양한 혜택을 누릴 수 있도록 설정한 구역을 뜻합니다. 전관조계는 해당 국가의 정부에만 제공되는 지역이고요. 사실상 외세에 인천 땅 일부를 떼어 준 것이나 다름없었죠.

청국 조계가 생기자 수많은 중국인이 이주해 터전을 잡았습니다. 조선에 조계를 설치하긴 했지만 청나라 역시 열강의 침략과 잇따른 내란으로 민중의 삶이 피폐했기 때문이죠. 인천과 가까운 산둥성山東省 출신의 화교가 다수였습니다. 산둥성에서 인천으로 건너온 이주민 중에는 관리나 돈 많은 상인도 있었지만 '쿨리苦力'라 불리는 막노동자들도 많았습니다. 중국식 상점, 음식점, 주택 등을 건설하거나 인천항을 오가는 무역선에서 짐을 싣고 내리는 작업을 하려면 서로 말이 통하는 일손이 필요했던 것입니다.

막노동의 특성상 쿨리들은 체력 소모가 어마어마했습니다. 영양 보충이 절실하지만 시간적 여유가 없거니와 주머니도 가벼워

제대로 된 식사는 즐길 수 없었는데요. 그래서 이들이 새참처럼 먹던 게 고향 음식인 자장미엔炸醬面입니다. 중국어로 '자炸'는 기름에 볶는다는 뜻이며, '장醬'은 된장이나 간장 같은 양념장을 가리킵니다. 이름처럼, 짠맛이 나는 양념장을 볶아서 국수에 비벼 먹는 음식이 바로 자장미엔이죠. 별다른 재료가 들어가지 않아 가격이 싸고 밀가루로 만든 국수, 기름, 양념장엔 탄수화물, 지방, 염분이 풍부해 칼로리가 높으니까 막노동자들의 새참으로는 더할 나위 없었습니다.

작장면을 개탄한다

자장미엔은 처음엔 인천항 부두 근처의 노점에서 팔았던 것으로 추정됩니다. 노점상들이 음식 재료를 실은 손수레를 끌고 다니다 쿨리들의 주문을 받으면 바로 만들어 내주는 식이었죠. 그러다가 시간이 흐르면서 청국 조계의 상권이 활성화되고 더 많은 쿨리가 인천으로 건너와 자장미엔의 수요가 늘자 음식점에서도 판매하게 됩니다. 20세기 초에 인천에서 영업을 시작했다는 객잔(숙박 시설 겸 술집) 산동회관이 자장미엔을 처음 메뉴에 올렸다고 알려져 있습니다. 산동회관을 연 중국인 위시광于希光도 원래 산둥성 출신의 가난한 쿨리였습니다. 청국 조계의 간이음식점에서 일하며 돈을 모아 가게를 낸 것이죠. 그의 객잔은 이후 '공화춘共和春'으로 이름을 바꾸고 중화요리 전문점이 되었는데요. 이곳의 자장미엔이 지금의 짜장면으로 이어집니다.

자장미엔은 중국의 각 지방마다 조리법이 조금씩 다른데, 쿨리와 함께 한국으로 넘어온 산둥식 자장미엔은 밀가루와 소금을 발효시켜 짜고 달달한 맛을 내는 중국 된장인 톈미엔장甜面酱을 고기, 채소 등과 볶은 뒤 국수에 얹고 오이채를 듬뿍 곁들인 음식입니다. 양념 색깔이 짜장면보다 연해서 황갈색에 가깝고 무척 짠 편입니다.

이 음식은 1920년대 초반에 이미 조선인의 입맛을 사로잡습니다. 1923년 1월 23일 자 〈조선일보〉에 실린 사설에서 알 수 있어요.

> 비록 日常飲食일상음식의 全部전부가 盡然진연함은 안이로되 療飢會客等요기회객등에 恒常服用항상복용하는 것이 炸醬麵작장면, 羊腸皮等양장피등이며….
>
> "비록 매일매일 먹는 음식이 다 그런 것은 아니지만, 간단히 배를 채우

거나 회식을 할 때 자주 먹는 것이 짜장면, 양장피 등이며…"

사설은 국산품을 애용해 일제의 경제적 지배에서 벗어나자고 주장하는 '물산장려운동'에 참여할 것을 호소하는 내용이었습니다. 그런데 여기서 산둥에서 건너온 자장미엔이 한국식 발음인 '작장면'이란 이름으로 등장합니다. 조선의 부자들은 비싼 양식(서양 음식)을 주로 먹고, 돈 없는 사람들조차 평소 조선 음식이 아닌 작장면, 양장피 등 중국 음식을 즐긴다며 한탄한 것입니다.

짜장면의 탄생

작장면의 높은 인기 뒤에는 '왕서방'으로 불린 인천 화교들이 있었습니다. 청국 조계가 공식적으로 사라진 건 일제가 조선을 강제 병합한 후인데요. 조계는 사라졌어도 이 일대는 청국 거류지로 지정되었고, 중국인들은 일제 강점기에도 같은 자리에서 비교적 자유로운 경제 활동을 이어 갔습니다. 당시 인천의 화교들은 조선의 섬유 산업이 취약한 점에 착안해 중국에서 포목을 들여와 팔며 돈을 휩쓸어 모았어요. 조선인 포목상들도 노력했지만 막강

한 자본력과 뛰어난 상술로 무장한 화교들의 경쟁 상대가 될 수 없었습니다. 수많은 '왕서방'이 활약하면서 '청관 거리'로 불린 오늘날의 인천 개항동과 선린동 일대는 한반도 포목 시장의 중심지가 되었습니다. 중국산 비단을 사러 각지의 소매상들이 이곳으로 모여들었고, 그들이 맛본 공화춘의 '청요리(중화요리)'는 전국에 유명해졌습니다. 작장면도 더불어 인기가 높아졌고요.

작장면은 1948년, 대만 출신 화교 왕송산王松山이 춘장을 선보이면서 현재와 같은 모습으로 바뀝니다. 춘장은 톈미엔장에 캐러멜과 조미료를 섞어 새카만 빛깔을 내고 단맛을 부각시킨 발효장인데, 정작 중국 본토에 없는 한국식 중화풍 양념장입니다. 톈미엔장 대신 춘장과 양파가 듬뿍 들어가 달짝지근한 이 면 요리는 '짜장면'이란 이름으로 대중화에 성공합니다. 특히 한국 전쟁이후 정부가 쌀 부족 문제를 해결하기 위해 밀가루와 잡곡 위주의 식단을 권하는 혼분식장려운동을 전개하면서 전성기를 맞습니다. 지금과 달리 밀가루값이 싸서 서민들도 짜장면을 자주 먹을 수 있게 된 것입니다.

한편 잘나가던 인천의 청관 거리는 산업화 시대에 서서히 기울어 갑니다. 한국 정부가 화교의 재산권을 제한하고, 냉전(무력 없이 경제·외교 등을 수단으로 하는 국제적 대립) 시대의 영향으로 중국

짜장면박물관이 된 공화춘의 옛 건물

본토와 교류가 끊기면서 포목 상점이 하나둘 문을 닫죠. 아울러 짜장면의 대중화로 전국 어디서나 맛있는 중국 음식을 먹을 수 있게 되자 멀리서 이곳을 일부러 찾아오던 손님들의 발길이 뚝 끊깁니다.

이 지역에 다시 빛이 들기 시작한 건 1992년 한중 수교 이후입니다. 중국과의 무역이 활발해지면서 상권이 차츰 되살아나고, 이국적인 거리 풍경까지 주목받으며 관광지로 거듭났죠. 차이나타운의 상징물인 패루도 인천의 자매 도시인 중국 웨이하이威海

시에서 기증한 것입니다. 폐업한 뒤 오랜 세월 방치되었던 공화춘의 빈 건물 역시 한국 짜장면의 발상지란 점을 인정받아 2012년 짜장면박물관으로 재단장했어요.

그러니까 짜장면 한 그릇에는 다사다난했던 한반도와 인천 화교의 근현대사가 고스란히 비벼져 있는 셈입니다. 짜장면축제에 가게 된다면 이런 인문지리적 배경을 한번 떠올리며 짜장면을 맛보세요. 축제에서 경험하는 행사는 물론, 짜장면에 들어간 양념이며 재료의 맛 하나하나가 무척 특별하게 느껴질 테니까요.

2

도시의 대명사

도시 여행

9급 공무원 굿바이를 아시나요

경남 밀양
돼지국밥

지역 격차 해결의
열쇠?

돼지국밥은 여러 지역의 향토 음식이에요. 특히 부산의 돼지국밥이 유명하죠. 하지만 경상남도 밀양시에선 돼지국밥의 진짜 원조는 우리라고 다들 입을 모은다고 해요. 심지어 부산에서조차 간판에 '밀양'을 넣은 돼지국밥집들이 장사를 하고 있습니다. 이런 자부심을 나타내고자, 밀양에서는 그냥 돼지국밥이 아니라 '밀양돼지국밥'이라고 지역 이름을 붙여서 부르죠. '밀양아리랑'이라는 도시의 공식 캐릭터가 이미 있는데 밀양돼지국밥을 이미지화한 또 다른 캐릭터를 만들기도 했습니다.

이름은 '굿바비'입니다. 통통한 몸에 귀여운 돼지 탈 인형을 발끝까지 뒤집어쓰고 새하얀 얼굴만 쏙 드러낸 모습입니다. 밀양시 홈페이지에서는 굿바비라는 이름이 '국밥이'에서 비롯되었다고 소개하고 있어요. 원래는 밀양돼지국밥을 알리기 위한 캐릭터로

2021년에 탄생했는데, '2023 밀양 방문의 해'를 맞아 지역 홍보 대사로 선정되며 역할이 확대되었습니다. 그뿐만이 아니에요. 굿바비는 밀양시청의 관광진흥과 9급 공무원이랍니다. 밀양시 유튜브 채널에는 굿바비가 엄숙한 분위기의 임용식에서 발라당 넘어져 참석자들의 폭소를 자아내고 밀양시장의 부축을 받아 일어나는 장면 등 재미있는 영상들이 연재되어 있어요. 밀양의 명소 등에서 인증 샷 모델로도 활약 중이죠. 밀양은 왜 이토록 돼지국밥에 진심인 고장이 되었을까요?

지역 캐릭터
전성시대

한국은 수도권과 비수도권의 공간적 불평등이 극심한 나라입니다. 가뜩이나 좁은 국토 면적에서 겨우 12% 정도를 차지하는 수도권에 인구의 50%가량이 몰려 살고 있죠. 그로 인해 비수도권에선 경제, 교육, 문화, 의료, 공공 서비스 등 삶에 필요한 모든 분야가 낙후되는 상황입니다. 당장 생활이 불편한 비수도권 주민들이 수도권으로 더욱 옮겨 가는 악순환이 이어지면서 지방자치단

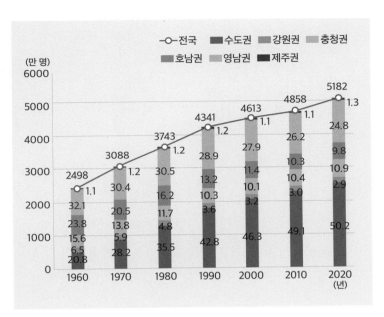

권역별 인구 증감(1960~2020) ⓒ통계청

체들은 재정 파탄 위기에 몰리기도 해요. 인구가 줄면 세수(세금을 받아서 얻는 정부의 수입)도 감소하니까요.

지방 소멸의 위기에서 살아남기 위해 각 지자체가 요즘 각별히 정성을 들이는 것이 바로 지역에 대한 주민들의 자부심 고양과 관광 자원 육성입니다. 인구가 외부로 빠져나갈수록 지역 경제가 나빠지니까 고향, 혹은 사는 곳에 대한 긍지를 느끼며 계속 정착하게 만들려고 노력하는 것입니다. 다른 한편으로는 외부에서 찾아온 관광객이 쓰고 가는 돈으로 지역 경제를 활성화하려고 관광 산업도 키우고 있죠. 지역 캐릭터 개발은 이런 목적들에 모두 부합한다고 볼 수 있어요. 지역과 지방 행정에 대한 주민들의 친근감을 높이고, 관광객들의 눈길을 끄니까요.

지역 캐릭터가 최근에 생긴 건 아닙니다. 예전부터 있긴 했는데, 주로 관공서 건물이나 책자에 박혀 있는 탓에 주민의 일상과는 동떨어진 경우가 많았어요. 그런데 '펭수'의 등장 이후 한국의 캐릭터 트렌드에 많은 변화가 일어났습니다. "펭하!"이 말 모르는 사람 없죠? 2019년 EBS TV 프로그램의 캐릭터로 등장한 펭수는 어린이부터 어른까지 폭넓은 연령대에서 사랑받는 톱스타가 되었습니다. 인기 비결은 깜찍함을 내세운 기존의 캐릭터들과 달리 신랄한 풍자가 담긴 블랙 코미디를 선보인 데 있습니다. 현실과 가상을 연결한 펭수의 성공은 전국의 지방자치단체들로 연결되었습니다. 펭수처럼 익살스러우면서 지극히 현실적이라 공감을 얻기 쉬운 지역 캐릭터를 앞다퉈 내놓은 것이죠. 이들은 유튜브, SNS 등을 통해 주민들과 적극적으로 소통하고 지역의 각종 행사에 나섰어요. 밀양의 굿바비가 대표적인 사례입니다.

굿바비가 밀양의 얼굴이 되기까지

도시의 관광 홍보 대사가 돼지국밥 캐릭터일 정도로 이 음식은 밀양의 대표 먹거리입니다. 1930년대에 등장한 것으로 알려져 있는데, 밀양 무안면 무안리에 있는 무안시장의 '양산식당'에서 시작되었다고 해요.

무안시장의 원래 이름은 수안시장이었어요. 조선 시대에는 무안을 '수안'으로 표기했기 때문입니다. 조선 초 간행된 지리책 《세종실록지리지》(1454)의 밀양 도호부 관련 기록을 보면 당시 밀양에는 여섯 개의 역참이 설치되었는데 그중 한 곳이 수안이라고 나옵니다. 영조 때 편찬된 백과사전 《동국문헌비고》(1770)에도 수안시장에 관한 기록이 등장해요. 남쪽으로 낙동강이 흐르는 이 일대의 지형이 물 안쪽에 있다고 해서 '물안'이라고 불렀는데, 그것을 한자로 표기하며 '물 수水' 자를 써서 '수안水安'이 되었다는 이야기입니다. 아울러 '물안'을 발음하기 편하게 '무안'으로 바꿔 부르게 되었다고 하고요.

아무튼 역참은 옛날에 각지로 명령을 전달하거나 물자를 수송하기 위해 마련한 교통 및 통신 기관입니다. 자동차나 기차, 항공기가 없던 시절에는 다른 지방으로 빨리 가야 할 때 말을 타고 이동했어요. 이 말을 '역마'라고 하는데요. 먼 거리를 달려온 말이 지쳐서 더 움직이지 못할 즈음, 새로운 말로 갈아타는 지점이 역참이었습니다. 참고로 역참이나 역마에 공통적으로 쓰이는 '역驛' 자를 보면, 왼편에 말을 뜻하는 '마馬'가 들어 있어요. 더 이상 말을 타고 이동하지 않는 오늘날에도 '역'이란 글자는 기차'역'이나 지하철'역'에 그대로 사용되고 있습니다.

기차역이나 지하철역이 그러하듯이, 역참이 있는 지역은 교통의 요지라서 사람과 물자가 모이기 쉬웠어요. 밀양 무안리는 대부분 산으로 둘러싸여 있음에도 서쪽으로 창녕, 동쪽으로 밀양 중심부, 남쪽으로 창원과 이어지는 길목에 있어 이런 입지를 갖췄습니다. 더구나 밀양은 조선 시대에 한양(서울)과 동래(부산)를 잇는 '영남로'라는 길이 지나는 지역이라 다양한 산물이 유통되었습니다. 낙동강 뱃길을 통한 상업이 발달하기도 했고요. 무안리에 일찌감치 수안시장이 들어서고 발달한 이유입니다.

국밥은 옛날부터 시장에서 즐겨 먹던 외식 메뉴죠. 물건을 사고파느라 정신없이 바쁜 장꾼들이 국물과 밥을 한꺼번에 후루룩 넘기고 후딱 허기를 채우기 편하니까요. 양산식당의 돼지국밥

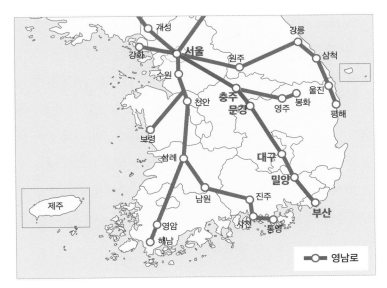

조선의 영남로 구간
영남로는 영남 지방의 물산과 한양의 문화가 오갈 수 있도록 이어 주는 중요한
통로였다. 한성, 판교, 용인, 충주, 문경, 대구, 밀양, 양산, 동래, 부산진 등이
주요 지점이다.

도 그런 장터 음식이었는데, 다른 지역의 국밥과는 조리법이 조
금 달랐습니다. 돼지뼈나 내장 대신 소뼈를 푹 고아 만든 육수로
맛을 차별화했죠. 양산식당도 처음엔 돼지고기 수육을 삶고 남은
물로 국물을 만들었지만 축산업의 규모가 커지면서 소뼈를 구하
기 쉬워진 이후 육수의 재료를 바꿨다고 해요.

1912년 경상남도에서 축산조합이 설립된 지역은 언양과 밀양, 단 두 곳뿐이었습니다. 또한 당시 밀양에는 우시장이 두 군데나 운영되고 있었죠. 일제 강점기에 발행되던 신문 〈매일신보〉의 1912년 6월 12일 자 기사에서는 "경상남도 밀양군 축산조합은 예정하였던 목적을 달하여(이뤄) 닭, 도야지(돼지)와 소의 종자 보급을 이미 마쳤다"는 소식과 함께 가축의 품질을 평가해 상을 주는 축산 품평회 및 상품 수여식을 열었다는 내용을 확인할 수 있습니다. 기록들을 미뤄 볼 때, 밀양은 축산업이 일찍부터 발달해 다른 지역보다 고기가 흔했을 것입니다.

여행자를 일으키는
든든한 한 그릇

부산의 돼지국밥은 돼지 육수로 만들어 뽀얗고 기름기가 많은 반면, 밀양돼지국밥은 국물이 맑고 개운한 것으로 구분되곤 합니다. 이런 차이와 더불어 국밥 위에 고명으로 얹어 주는 돼지고기 수육이 푸짐한 점도 밀양돼지국밥을 널리 알린 비결이었어요. 양산식당은 정육점이기도 해서 수육 인심이 넉넉했던 것입니다.

주로 밀양 토박이들만 먹던 이 향토 음식의 색다른 맛은, 국민 소득 증가로 1980년대 이후 관광 산업이 발전하면서 차츰 소문이 났습니다. 현재 밀양은 인구가 10만여 명에 불과한 도시지만 볼거리가 참 많거든요. 맑은 물이 흐르고 땅이 비옥해서 농사가 잘되는 고장이라 아주 옛날부터 사람들이 기꺼이 머물며 살아왔고, 덕분에 오랜 역사의 흔적들이 곳곳에 남았죠. 조선 후기에 밀양강 절벽 위에 세운 누각 영남루를 비롯해 표충사, 월연정, 사명대사 유적지 등 유서 깊은 건축물과 아름다운 자연 경치가 많은 여행자들을 불러 모으고 있습니다.

여행길에서 맛있는 음식 먹는 재미를 빼놓을 수 없죠. 진한 소뼈 사골 국물에 쌀밥을 토렴(뜨거운 국물을 밥이나 국수에 여러 번 부었다 따라 내며 데우는 방식)한 밀양돼지국밥 한 사발에 두툼한 돼지고기 수육을 얹어 먹으면 속이 아주 든든해집니다. 밀양 시내에는 50~60곳에 이르는 돼지국밥집이 서로 조금씩 다른 재료와 조리법을 뽐내고 있어요. 소뼈가 아니라 돼지고기와 돼지뼈를 우려낸 돼지국밥도 많습니다. 또 어느 집에서는 국물에 넣어 먹으라고 알싸한 방아잎이나 산초를 주는가 하면 들깻잎을 주는 곳도 있어요. 따뜻한 남부 지방에서 잘 자라면서 독특한 향을 내는 채소들인데, 돼지국밥 특유의 냄새를 개운하게 잡고 확실한 향토색을 전해 주죠.

경부고속도로가 쏘아 올린 작은 공

울산 언양 불고기

교통의 발달이 가져온 변화

울산광역시의 캐릭터는 귀여운 고래 '해울이'입니다. 울산이 고래의 도시라는 점이 반영된 캐릭터죠. 실제로 울산 곳곳에선 고래와 관련된 각종 시설이나 조형물을 흔하게 볼 수 있어요. 국보로 지정된 '울주 대곡리 반구대 암각화'에선 신석기 시대에 새겨진, 세계에서 가장 오래된 고래 사냥 그림을 볼 수 있고요.

울산은 고래가 사는 바다와 떼려야 뗄 수 없는 곳입니다. 한반도 동남쪽에 자리한 이 항만 도시는 동쪽으로 동해를 바라보고 있어 수출입에 유리한 환경을 갖췄어요. 덕분에 바닷가에 석유, 화학 등 중화학 공업 단지가 발달했고 세계 최대 규모의 자동차 단일 생산 공장이 들어서 있습니다. 하지만 울산에 속한 울주군 언양읍은 해안에서 조금 떨어진 내륙이라 풍경이 전혀 다른데요. 여기에 고래만큼 유명한 울산의 자랑거리가 있습니다. 바로 언양불고기입니다. 한우 불고기를 양념한 뒤 곱게 저며 석쇠에 얇게 깔고 숯불에 구워 먹는 향토 음식이죠. 부드러운 식감과 불의 향, 특유의 양념 맛이 어우러진 별미입니다.

도시 생활도 부럽지 않은 맛

언양의 서쪽에는 태백산맥이 뻗어 내려온 높은 산지가 솟아 있습니다. 해발 1000m가 넘는 이곳의 아홉 산을 묶어 '영남알프스'라고 하죠. 유럽의 알프스와 겨룰 정도로 산세와 풍경이 뛰어나다며 이런 별명을 붙인 것입니다. 영남알프스에 해당하는 산 중에는 높이 1034m의 고헌산도 포함되어 있습니다. 고헌산은 예전엔 고언산으로 불렸는데요. 고언산의 '언'에서 언양(고언산 남쪽의 양지바른 마을)이라는 지명이 비롯되었다고 합니다.

한편 언양의 서쪽 산지에서 흘러나온 크고 작은 하천들은 땅의 높이가 낮은 동쪽으로 내려가 모이면서 울산의 젖줄인 태화강을 이루고 동해까지 나아갑니다. 이들 하천가에는 맑은 물을 머금어 향이 좋고 연한 미나리가 무성하게 자라는데요. 언양읍의

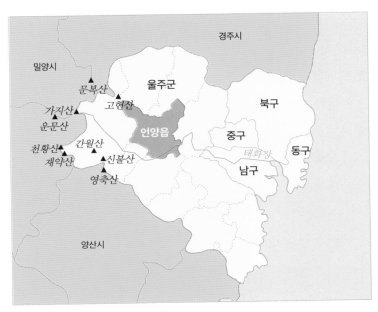

울산광역시 울주군 언양읍의 위치

공식 노래 〈언양읍가〉 가사에 '풋풋한 미나리에 언양불고기'가 있을 정도로 유명한 특산품입니다. 심지어 언양읍 공식 심벌마크에도 미나리 두 줄기가 그려져 있죠. 고기에는 상추쌈이 짝인 것처럼, 언양에선 언양불고기를 먹을 때 미나리를 함께 싸 먹기도 합니다.

사실 언양 미나리의 명성은 언양불고기보다 훨씬 높았습니다.

조선 시대에 왕에게 진상했다는 얘기가 전해질 정도로 말이죠. 1925년 12월에 발간된 민족 잡지 〈개벽〉 제64호에도 '언양 특산품 미나리의 독특한 맛은 도시 사람들의 사치스러운 생활을 비웃을 만큼 오래전부터 유명했으며, 부근의 주민들은 언양을 말할 때 반드시 미나리를 떠올린다'고 소개하는 대목이 나옵니다.

그런데 도시 사람들을 비웃고 싶어질 만큼 맛있는 언양 미나리를 좋아한 미식가가 또 있습니다. 이 지역의 소들입니다. 야들야들하면서 촉촉한 미나리가 소들에겐 별미였던 것인데요. 언양의 산과 들판엔 미나리 말고도 칡, 쑥 등 소가 먹는 풀이 가득했습니다. 그래서 언양은 예로부터 소가 잘 자라는 고장이었죠. 언양불고기가 탄생할 수 있었던 배경입니다.

입소문은
경부고속도로를 타고

조선 시대에는 고기를 먹기 위해 소를 키우고 파는 경우가 드물었어요. 농경 국가에서 소는 쟁기질을 하거나 짐을 옮기는 등 농사지을 때 꼭 필요한 동물이었으니까요. 고기를 먹을 목적으로 소를 사육한 건 일제 강점기 이후입니다. 일제는 한반도를 체계적으로 수탈하려고 각지의 지리적 특성과 특산물을 꼼꼼하게 파악했습니다. 언양에서는 소가 많이 나는 점에 주목했습니다. 밀양에서처럼 축산조합과 도축장을 만들고 언양 소가 맛이 좋다며 홍보합니다. 언양의 식당가에선 소고기 요리가 메뉴에 오르기 시작했습니다. '소값이 떨어지는데도 소고기값은 여전히 비싸 언양음식점조합에서 우육비동맹(소고기 음식을 팔지 않는 동맹)을 단행하였다'는 1930년 12월 24일 자 〈조선일보〉 기사에서 알 수 있어요.

본격적으로 언양불고기가 유명해진 데에는 경부고속도로의 영향이 컸습니다. 한국 정부는 더 큰 경제 성장을 위해 1960년대부터 공업 중심 정책을 펼쳤는데요. 북쪽의 북한과는 휴전선으로 길이 완전히 막혔고 냉전으로 인해 공산권 국가인 서쪽의 중국과도 교류가 단절된 상황이었습니다. 그래서 당시 바닷길을 통한 무역의 주요 상대국인 미국과 일본에서 위치상 가장 가까운 남동 임해 지역에 무역항과 공업 단지를 집중적으로 마련합니다. 원자재 수입과 제품 수출이 활발해지자, 이 지역과 국가의 중심부인 수도권 사이에 사람과 물자를 빠르고 편하게 실어 나를 교통로가 절실해졌죠. 이런 수요에 맞춰 1970년 경부고속도로를 개통합니다.

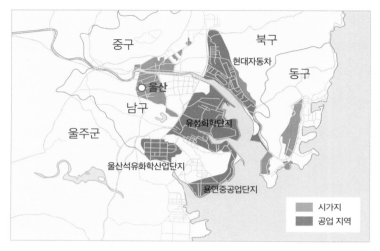

1975년 울산 시가지와 공업 지역

 언양은 남동 임해 공업 지역의 핵심인 부산과 울산 해안으로
향하는 길목에 있으니 당연히 경부고속도로가 지나게 됩니다. 고
속도로가 뚫려 접근성이 개선되자 크고 작은 공장들이 언양 읍내
에 들어섭니다. 이에 더해 언양 산지에 풍부하게 매장된 자수정
이 그 품질을 인정받아 수출이 급증하면서 광산 개발도 활발해
졌어요. 각지에서 일자리를 찾아 몰려든 공장 노동자와 광부들은
급여를 받고 모처럼 주머니가 두둑해지면 읍내 고깃집에서 소주
한 잔에 언양불고기 안주로 기분을 냈습니다. 노릇노릇 구워진

소고기 한 점의 작은 사치에서 고된 일상을 잠시 잊고 다시 살아 갈 에너지를 얻은 것이죠. 소문을 듣고 울산 바닷가 인근의 자동 차 공장이나 조선소의 노동자들도 회식을 하러 언양 읍내까지 오 곤 했습니다.

하지만 소고기는 비쌌기에 배를 채울 정도로 실컷 먹기엔 부 담이 컸습니다. 그런 이유에서 언양불고기가 소고기를 저민 너비 아니 방식으로 조리되었다고 보기도 합니다. 석쇠에 얇은 두께로 넓게 펴 놓으면 시각적으로 커 보이니까요. 아무튼 노동자들이 고향으로 돌아가 언양의 불고기가 무척 맛있었다고 자랑하면서 전국에 입소문이 났다고 합니다.

'마이 카 시대'의 맛집 탐방

한국 전쟁 이후 극도로 가난했던 한국은 산업화와 수출에 힘입어 '한강의 기적'을 이뤄 냅니다. 경제 상황이 눈에 띄게 나아지고 국 민 소득이 증가하자 1980년대엔 여가 생활을 즐기는 '레저 붐'이 일어나는데요. 여유가 생긴 각 가정에서 자동차를 소유하는 '마이 카my car 시대'가 열린 것도 그즈음입니다. 휴일이면 경치 좋은 곳으로 드라이브를 다니는 연인이나 가족이 크게 늘었는데, 울산 반구대에서 차로 30분 거리에 있는 상북면의 석남사 계곡도 다른 지역에서 일부러 찾아오는 명소로 꼽혔습니다. 언양읍의 고속도로 나들목은 공산품이나 자수정을 실어 나르는 트럭 대신 석남사를 방문하는 자동차들로 붐비게 되죠.

석남사로 향하는 언양의 도로 주변에는 놀러 온 사람들을 대상으로 장사하는 불고기 식당들이 속속 들어서게 됩니다. 모처럼의 여행이니 비싼 소고기를 먹어 보려는 손님들이 많았던 것입니다. 더구나 당시 서울 사람들에겐 불고기 하면 전골 방식으로 소고기에 육수를 듬뿍 부어 먹는 국물 불고기가 익숙해서 숯불에 구운 언양불고기의 맛이 독특하게 여겨졌습니다. 일반적인 떡볶이만 먹다가 로제 떡볶이, 마라 떡볶이를 맛본 기분과 비슷하지 않았을까요?

워낙 유명해지다 보니 이제는 어디서나 언양불고기를 파는 고깃집을 쉽게 만날 수 있습니다. 밀키트로도 다양한 상품이 출시되어 있고요. '언양불고기거리'에 가도 서로 원조라고 주장하는 가게들이 즐비합니다. 그런데 언양불고기의 참맛을 제대로 느낄 수 있는 맛집 고르는 방법은 따로 있습니다. 〈언양읍가〉의 가사처럼 풋풋한 언양 미나리를 곁들여 먹을 수 있는 곳이죠. 내가 진짜 맛집에 온 게 맞나 확인하려면 우선 미나리가 쌈 채소로 테이블에 함께 놓여 있는지 살펴보세요.

이별의
부두에서
만나자

전남 목포
세발낙지

쓰라린 역사와
관광 산업 사이

낙지볶음, 낙지 연포탕, 낙지 탕탕이, 낙지 호롱…. 대표적인 낙지 요리들이죠. 그런데 낙지 중에 세발낙지라고 불리는 것이 있습니다. 발이 세 개 달려 '세 발 낙지'가 아니냐며 종종 오해를 사는데요. 정작 세발낙지의 발은 여덟 개로, 일반 낙지나 문어, 주꾸미 등 친척인 생물들과 똑같습니다. '세발'의 '세'는 숫자 3이 아니라 한자의 '가늘 세細' 자로, 세발낙지는 '가느다란 발이 달린 낙지'라는 뜻입니다. 낙지가 많이 잡히는 서·남해안 가운데 전라남도 목포, 무안, 신안, 영암의 갯벌에서 난 어린 낙지를 가리키죠.

낙지는 문어처럼 바닷가에 서식하는 생물이지만 갯벌에 굴을 파고 알을 낳아요. 갯벌에서 태어난 새끼 낙지는 다시 바다로 나가고요. 바다 낙지는 큼직하고 통통해서 먹을 게 많은 반면에, 갯벌 깊숙한 곳에 꽁꽁 숨어 자라는 어린 낙지는 아직 덜 자라서 다

리가 가늘고 보들보들합니다. 잡는 방식도 다릅니다. 일반 낙지
는 배를 타고 바다에 나가 낚시로 잡고, 세발낙지는 갯벌 속에 있
는 낙지를 일일이 찾아다니며 손으로 잡습니다.

목포는 항구다

세발낙지 하면 유명한 곳이 목포시입니다. 육지와 섬이 함께 있
는 항구 도시죠. 당연히 목포 사람들에게 바다는 일상의 터전이
었습니다. 오늘날 목포시청과 도심부, 목포역이 있는 육지는 서
쪽과 북쪽으로 서해 바다와 닿아 있으면서 남쪽으로는 영산강이
바다로 흘러 나가는 강어귀에 자리합니다. 이처럼 영산강과 서해
로 둘러싸여 강과 바다의 길목이 되는 지역이어서 목포라는 지명
이 비롯했다는 주장이 있기도 합니다.

강어귀 바로 앞바다에는 율도, 달리도, 고하도 등 여섯 곳의 유
인도(사람이 살고 있는 섬)와 다섯 곳의 무인도가 있고, 좀 더 서쪽
으로 가면 신안군에 속한 수많은 섬이 촘촘하게 있습니다. 바다
를 가득 메운 이 섬들이 거센 파도를 막아 주는 방파제 역할을 하
면서 목포는 항구 도시로 발달하기에 유리한 지형 조건을 갖췄습

니다. 조선 시대에는 수군 진영(오늘날의 해군 기지)이 있었고 '목포진'으로 불렸죠. 특히 왜적의 침입에 대비해 바닷길을 지키는 군사적 요충지로서 역할을 톡톡히 해냈습니다.

해상 무역을 위한 항구 도시로 개발된 건 근대 이후입니다. 일제는 호남평야의 쌀과 각종 농산물을 일본으로 실어 나르기 위해 전라도 바닷가에서 항구를 건설하기 적합한 곳을 찾았는데요. 그 결과 전라남도 목포(1897)와 전라북도 군산(1899)이 개항했고 목포항으로 사람과 물자가 몰려들었습니다. 1913년에는 목포역이 설치됩니다. 일제가 대전에서 호남의 서쪽 지역을 관통하며 목포까지 이어지는 호남선 철로를 마련한 것이죠.

호남평야에서 수탈당한 쌀은 화물 열차에 실려 마지막 철도역인 목포역까지 운반되었고, 다시 목포항에서 화물선으로 옮겨진 뒤 일본으로 건너갔습니다. 그렇게 개항 이전만 해도 겨우 600여 명이 살았다는 작은 마을이 1935년에는 한반도에서 여섯 번째로 인구가 많은 도시이자 3대 항구(부산항, 인천항, 목포항)로 커졌죠.

항구를 빼놓고 목포를 말하기는 어렵습니다. 수탈이라는 아픈 역사의 흔적이긴 하지만요. 이런 배경에서 목포 출신의 가수 이난영은 1942년 〈목포는 항구다〉라는 노래를 발표해 지역 주민들의 공감을 사며 큰 사랑을 받았습니다. 목포시 삼학도의 난영공

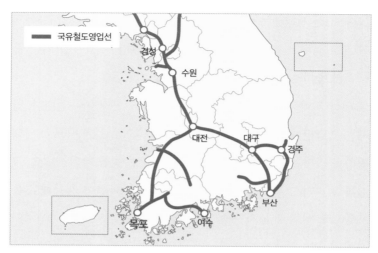

일제가 한반도 수탈을 위해 남북으로 설치한 국유철도 노선도

원(이난영을 추모하기 위해 설립한 공원)에는 '목포는 항구다 노래비'
가 세워져 있죠. 비석에 새겨진 가사에는 식민 치하에서 살아간
목포 사람들의 설움과 항구 도시가 겪어야 했던 지역의 운명이
고스란히 드러납니다.

> 영산강 안개 속에 기적이 울고 / 삼학도 등대 아래 갈매기 우는 / 그리
> 운 내 고향, 목포는 항구다 / 목포는 항구다, 이별의 부두

무안에도 신안에도
영암에도 **있다**

서울을 비롯한 다른 지역에 '목포세발낙지'라는 간판을 내건 식당이 많아서인지, 세발낙지는 목포의 특산물로 널리 알려져 있는데요. 정작 생산량으로 따지면 목포와 이웃한 무안군이나 신안군의 세발낙지가 훨씬 많다고 해요. 《세종실록지리지》 151권의 전라도 나주목 무안현(지금의 무안군) 기록에도 이 지역의 토산물로 낙지가 꼽혀 있답니다. 세발낙지는 갯벌에서 잡히는데 목포는 갯벌의 면적이 무안군이나 신안군에 비해 좁은 도시니까 아무래도 그렇겠죠. 그런데도 왜 무안이나 신안이 아니라 목포의 지명을 붙인 목포세발낙지가 유독 유명해졌을까요?

그 해답은 '목포는 항구다'란 말에 있습니다. 일제 강점기 동안 쌀 수탈에 이용되던 목포항과 목포역은 해방 후 전라남도 해안 지역의 풍부한 각종 산물을 수도권 등 다른 지역으로 보내는 시설로 쓰이게 됩니다. 신안, 무안, 영암 등에서 잡힌 세발낙지도 모두 교통망이 갖춰진 목포에 모여 전국으로 유통되었어요. 그러면서 이들의 생산 지역을 구분하지 않고 통틀어 목포에서 올라온

낙지, 즉 '목포세발낙지'로 부르게 된 것입니다.

현재는 각 지역의 교통이 발달하면서 '무안뻘낙지' '신안뻘낙지'라는 별도의 이름으로 팔려 나가고 있지만, 세발낙지는 여전히 목포시가 선정한 목포 9미昧의 제1미이자 목포의 일곱 가지 특산품 중 하나입니다. 홍어, 갈치와 함께 목포의 식탁에서 빠질 수 없는 먹거리죠.

호남에서는 예로부터 신선한 식재료에서 느껴지는 본연의 식감과 향을 즐겼다고 합니다. 낙지도 마찬가지인데, 자르지도 않고 젓가락에 돌돌 말아 통째로 입에 넣어 씹어 삼키기도 했어요. 그런데 다 자란 큰 낙지는 그런 식으로 먹기 불편하고, 삼키다가 목에 걸릴 위험이 크니 세발낙지를 선택하게 된 것입니다.

수탈의 흔적을 찾아서

〈목포는 항구다〉와 함께 목포를 대표하는 또 다른 명곡은 〈목포의 눈물〉(역시 이난영이 불렀습니다)입니다. 이 노래의 2절은 다음과 같아요.

삼백 년 원한 품은 노적봉 밑에 / 임 자취 완연하다, 애달픈 정조 / 유달 산 바람은 영산강을 안으니 / 임 그려 우는 마음 목포의 눈물

가사에 등장하는 유달산 노적봉은 기암(기이하게 생긴 바위)을 뽐내고 있어 목포의 관광 명소로 꼽히는데요. 최근에 목포를 찾는 여행자들은 이 명소 못지않게 시내 구경에 관심이 많다고 해요. 곳곳에 있는 근대 건축물이 이국적인 느낌의 볼거리로 눈길을 끌기 때문입니다. 목포시는 이 건물들을 문화재나 기념물로 지정해 관리하며 '근대 도시 목포 여행'이라는 테마 여행 코스로 제시하고 있습니다.

목포 도심에 근대 건축물이 유달리 많이 남아 있는 건, 일제 강점기에 이곳이 일본 사람들의 터전이었다는 사실과 관련이 있습니다. 당시 일본인들은 '탈아입구脫亞入欧(아시아에서 탈피해 서구를 지향한다)' 사상에 심취해 있었습니다. 관공서는 물론 학교, 은행, 회사까지 유럽이나 미국의 석조 및 벽돌 건물을 흉내 내서 지었죠. 그들의 취향은 식민지 한국의 목포에 반영되었습니다. 르네상스 양식의 목포근대역사관 1관(옛 목포 일본 영사관)과 2관(옛 동양척식주식회사 목포 지점)이 대표적입니다. 일본 건축 양식으로 지은 사찰이나 적산 가옥(광복 이후 한반도에서 철수한 일본인들의 집)도

근대 목포의 역사를 볼 수 있는 장소들

목포근대역사관 1관

여럿 볼 수 있습니다. 일부는 카페나 과자점 등으로 새롭게 단장해 인스타그램 명소로 인기를 끌고 있죠. 무안이나 신안을 제치고 목포세발낙지가 유명해진 것도 따지고 보면 수탈을 위해 마련한 목포역 때문이었으니, 여러모로 목포는 일제의 흔적이 많이 남은 도시입니다.

치욕적인 역사의 현장을 관광 산업에 활용하는 게 맞는지를 두고서는 의견이 엇갈립니다. 하지만 역사는 꼭 자랑스러운 기억만 기록한 것이 아니죠. 실패와 패배도 우리가 겪었던, 그리고 딛고 일어나야 할 역사입니다. 이런 점에서 목포의 근대 유산은 보존 가치가 충분히 있다고 할 수 있겠습니다. 겉으로 보이는 이색적인 풍경에만 빠지는 건 지양해야 할 테지만요.

왕에게서 시작된 갈비의 왕

경기 수원 왕갈비

계획 도시에 필요했던 것

'수원왕갈비'라고 대중에게 널리 알려져 있지만, 공식 명칭은 '수원갈비'입니다. 수원갈비는 다른 지역의 소갈비구이에 비해 갈빗대를 큼지막하게 손질해서 '왕갈비'라는 별칭이 생겼습니다. 왕문어, 왕갈치 등 남달리 큰 것을 지칭할 때 단어 앞에 '왕'을 붙이는 경우가 흔하니까요. 그런데 수원왕갈비는 단지 갈빗대 크기뿐만이 아니라 조선의 왕과도 연관이 있습니다. 제22대 왕 정조가 바로 그 주인공입니다.

그의 왕권은 시작부터 불안했습니다. 권세를 잡고 떵떵거리는 신하들 탓입니다. 이들은 백성의 안위나 국가의 발전은 내팽개친 채 서로 당파를 나눠 밥그릇 싸움에만 치열하게 몰두하고 있었죠. 정조의 아버지인 사도세자는 당쟁에 휘말려 희생양이 되었고, 죄인 취급을 당하며 뒤주에서 굶어 죽었습니다.

왕이 꿈꾼
개혁의 도시 화성

끔찍한 비극을 두 눈으로 고스란히 지켜봤던 정조는 당쟁을 억누르고 과감한 개혁 정책을 추진했는데요. 한편으로는 아버지의 명예를 되살려 자신에게 씌워진 '죄인의 아들'이라는 이미지를 없애 왕권을 강화하는 전략도 펼쳤습니다. 양주 배봉산(오늘날의 서울 동대문구)에 있던 사도세자의 초라한 묘를 최고의 명당으로 옮겨 왕릉에 버금가게 단장하죠. 그곳이 수원 화산(오늘날의 경기 화성시)입니다.

아버지에 대한 효심이 깊었던 정조는 수원에 마련한 새 묘소인 현륭원(지금의 융릉)으로 매년 참배를 다녔습니다. 그런데 교통수단과 도로가 발달하지 않았던 당시, 수원은 한양에서 다녀오기 만만한 곳이 아니었습니다. 더구나 왕이 한양도성을 벗어나 다른 지역에서 머물기 위해선 보안상 신경 쓸 점이 한두 가지가 아니었죠. 그래서 수원 팔달산 아래에 수원화성과 화성행궁을 짓게 됩니다. 현재 수원특례시 장안구가 있는 자리죠.

물론 화성 건설에는 정조의 또 다른 뜻이 담겨 있습니다. 수도

수원화성 화서문 ©Tungdangthanh

한양을 보호할 수 있게끔 남쪽에 성곽 도시를 마련해 국방력을 강화한다는 목적이 있었고요. 기득권을 가진 노론 신하들이 득시글거리는 한양에서 벗어나 화성을 제2의 도읍으로 키워 자신의 개혁 정책을 마음껏 펼치겠다는 꿈도 품었습니다. 남인이었던 정약용에게 중요한 일을 맡기고 그의 실학사상을 적극 반영해 거중기, 성벽에 스미는 빗물을 막는 벽돌 등 참신한 건축 방식으로 튼튼하면서도 아름다운 성을 쌓은 것 역시 그런 의도 때문이었습니다. 그 이전에 세워진 성곽들과는 전혀 다르게 중국, 일본, 유럽 등 여러 나라의 방식을 연구해서 우리나라에 가장 맞는 새로운 기술과 양식을 선보였다는 점을 인정받아 유네스코 세계문화유산으로 선정되기도 했죠.

소, 신도시의 기반이 되다

정조는 수원을 경쟁력 있는 신도시로 발전시키려면 자급자족(필요한 물자를 스스로 생산해 충당하는 것)이 가능해야 한다고 봤습니다. 그래서 농업을 육성하고자 대규모 농지를 마련하고 저수지를 만드는 등 각별히 공을 들였죠. 주민들에게는 농사에 꼭 필요한 소를 사들여 나눠 줬습니다. 수원화성의 동쪽에는 우만동牛滿洞이라는 동네도 있어요. '소가 가득한 동네'란 뜻입니다. 수원월드컵경기장이 이 우만동에 있죠. 지명의 유래에 대해선 조금씩 다른 이야기가 전해지지만, 정조 시대부터 이곳에서 소를 많이 키워 생긴 이름이라고 하네요.

이런 배경 덕택에 수원은 소를 사고파는 우시장이 크게 서는 도시가 되었습니다. 당연히 다른 지역보다 소를 구하기 쉬웠는데요. 따라서 소고기도 비교적 흔했을 테죠. 조선은 소를 농업에만 활용하도록 종종 우금령(소를 잡아먹지 못하게 하는 조치)까지 내리긴 했지만 돈 많은 상류층과 부자 상인들은 꾸준히 비싸고 귀한 소고기를 즐겨 먹었습니다. 제사상에도 소고기를 올렸고요. 정조는 1795년 친어머니 혜경궁 홍 씨의 회갑 잔치를 화성행궁에서 성대하게 열었는데, 이때 수라상에 소갈비구이가 놓였다고 합니다. 화성을 지을 때 공사에 동원된 인부들에게 보양식으로 소고기를 제공했다는 이야기도 전해집니다. 어쩌면 수원갈비의 뿌리는 거기서부터 시작되었는지도 모릅니다.

수원 우시장의 명성은 조선 시대부터 자자했지만 근대에 그 규모가 더욱 확대됩니다. 수원 내에서도 소가 많이 생산되었는데 1905년 경부선 철도를 개통한 뒤 화물 열차를 통해 남부 지방에서 수원 우시장으로 오는 소의 숫자가 크게 늘어난 것입니다. 1918년에는 무려 연간 2만여 마리의 소가 거래되었다는 기록이 남아 있을 정도로 커졌습니다. 또한 수원의 소는 주로 농경용으로 사고팔았으나 일제 강점기에 육식이 대중화되면서 소고기를 먹을 목적으로 거래하는 비중이 커집니다. 일제는 수원의 소가 일도 잘하지만 고기 맛도 좋다는 점에 주목하며 수탈에 적극 나서는데요. 이에 수많은 수원 소가 배에 실려 일본으로 건너가게 되죠. 그러면서 수원은 함경도 명천, 길주와 함께 한반도의 3대 우시장으로서 소 거래의 중심지로 발전합니다.

대통령 때문에
울고 웃은 불갈비

정조가 신도시를 세운 뒤 수원의 인구는 급격히 늘었습니다. 주민들의 일상에 쓰일 물건을 공급하는 곳이 필요해졌죠. 그래서 남쪽 출입문인 팔달문 안팎에 시장이 들어섭니다. 이 시장의 전통이 지금의 영동시장으로 이어져 온 것인데요.

수원화성 옆 영동시장의 위치

우시장도 이 자리에 같이 섰습니다. 시설이 점점 낙후되어 1996년에 문을 닫지만, 우시장이 섰던 시절에는 그 주변에 자연스레 소고기로 만든 음식을 파는 식당들이 여러 곳 영업을 했습니다. 소고기가 귀하긴 했어도 그나마 우시장에선 저렴하게 구할 수 있었으니까요. 장날이면 소 외에도 포목 등 다양한 상품이 거래되어 각지에서 상인들이 찾아오다 보니 외식 수요가 워낙 많기도 했고요. 1940년대부터 영동시장 싸전거리에서 음식 장사를 시작한 '화춘옥'도 그중 하나였습니다.

원래 화춘옥에선 설렁탕, 해장국, 육개장 같은 고깃국을 주로 팔았다고 하는데요. 국이 아닌 구이를 찾는 손님이 늘자 가게에서 개발한 메뉴가 갈빗대를 손질해 숯불에 구워 낸 왕갈비였습니다. 당시에는 '불갈비'나 그냥 갈비라고 불렸어요. 이 가게의 소갈비는 크기뿐 아니라 양념이 독특하기로도 유명했습니다. 갈비구이는 주로 간장 양념에 재우는 방식이 흔했는데 화춘옥은 수원의 소가 고기 본연의 맛이 좋으니 간장을 넣지 않고 소금 위주의 기본적인 양념만 넣은 것이죠. 갈비가 먹음직스럽게 큰데 맛있기까지 하다는 이야기가 퍼지며 멀리 서울에서도 일부러 찾아오는 손님이 생길 정도로 화춘옥의 불갈비는 수원의 별미가 됩니다. 게다가 박정희 전 대통령이 이 가게의 단골이고 경기도에 들를 때면 여기서 종종 갈비를 먹은 것이 기사로 나면서 화춘옥은 더욱더 유명해졌습니다. 덩달아 '수원불갈비'의 명성도 높아졌죠.

그런데 잘나가던 화춘옥은 1979년 문을 닫습니다. 대통령이 단골인 맛집이 왜 갑자기 폐업했는지 의문이 들지 않을 수 없는데요. 지역 신문인 〈수원일보〉의 칼럼에서 그 답을 찾을 수 있습니다. 결론부터 말하자면, 화춘옥이 대박을 터뜨리게 해 준 그 박정희 전 대통령 탓이라고 합니다.

사연은 이렇습니다. 앞서 인천의 짜장면을 소개할 때 혼분식 장려운동에 관한 이야기를 했었죠. 이 캠페인을 주도한 박 전 대통령이 언젠가 화춘옥을 찾았는데, 음식점에서 대통령을 잘 대접하겠다며 보리밥 대신 쌀밥을 내놓았다고 합니다. 그러자 박 전 대통령이 '보리 혼식을 안 한다'며 쓴소리를 했습니다. 서슬 퍼런 독재 정권 시대였으니 이걸 그냥 넘기지 않았겠죠. 다음 날 화춘옥은 영업 정지를 당했고, 흉흉한 소문에 휩싸였는지 손님들의 발길이 끊기면서 결국 폐업했다는 것입니다.

지금까지
이런 갈비는 없었다

다행히 수원불갈비의 맛은 다른 가게로 이어졌습니다. 화춘옥에서 선보인 소금 양념의 큼직한 갈비를 근처의 다른 가게에서도 비슷하게 만들어 장사했기 때문이죠. 갈비골목까지 형성되자 수원시는 1985년 수원갈비를 고유 향토 음식으로 지정하고 홍보에 적극 나섭니다. 서울 등 전국 곳곳에는 '수원식 왕갈비'를 팔거나 '수원왕갈비'라는 간판을 단 고깃집이 속속 생겨납니다. 그러면서 '왕갈비'라는 표현과 '수원=왕갈비'라는 공식이 대중에게 널리 인식된 것입니다. 심지어 영화에서도 볼 수 있어요.

2023년 현재까지 한국에서 관객 수가 두 번째로 많았던 영화는 2019년 개봉한 〈극한직업〉입니다. 코믹 액션물인 〈극한직업〉은 경찰 마약 단속반이 잠입 수사를 위해 가짜 치킨집을 차렸다가 유명한 맛집이 되면서 벌어지는 스토리를 담고 있습니다. 이 영화에서 형사들이 개발해 불티나게 팔리는 메뉴가 바로 '수원왕갈비통닭'이에요. 극 중 '마 형사'의 본가에서 30년째 운영하고 있는 왕갈비 가게의 양념을 응용한 것인데, 손님이 메뉴 이름을 묻자 당황한 '고 반장'이 즉흥적으로 수원왕갈비통닭이라고 둘러댑니다.

영화 속에서 치킨집은 서울 창천동에 위치한 것으로 설정되어 있습니다. 마 형사 본가의 가게가 수원에 있다는 설명도 없습니다. 그러니까 〈극한직업〉의 수원왕갈비통닭은 수원과는 아무런 관련이 없는 셈이죠. 그런데도 고 반장은 하고많은 통닭 메뉴 이름 중에서 '수원왕갈비'를 떠올린 것입니다.

이 허구의 음식은 1600만 명의 관객 수를 동원한 〈극한직업〉의 흥행과 "지금까지 이런 맛은 없었다, 이것은 갈비인가 통닭인가"라는 영화 속 명대사의 유행에 힘입어 실제 메뉴로도 탄생합니다. 급기야 수원에 '수원왕갈비통닭'이라는 이름의 가게가 생기고 손님이 몰리더니 프랜차이즈 지점까지 냈다고 하죠. 진짜 말 그대로 영화 같은 음식입니다.

숨겨진 밥도둑,
명맥을
잇다

◆

서울 남대문
갈치조림

조금 특별한 거리 여행

서울, 하면 어떤 이미지가 생각나나요? 하늘 높이 치솟은 아파트, 도로를 가득 메운 자동차, 바쁘게 오가는 사람들, 강남역 대로변의 '강남 스타일', 밤이 되면 조명이 들어와 별이 내려앉은 듯 더욱 화려해지는 거리…. 세련되고 우아하게 정돈되어 있지만 어쩐지 차갑고 메마른 도시의 모습이 떠오르진 않는지요? 포털 사이트 사진 검색창에 '서울'을 입력해 봐도 이런 느낌의 사진들이 쭉 나오긴 합니다. 그런데 서울 한복판엔 전혀 다른 풍경을 보여 주는 공간이 숨어 있습니다.

어둑한 그 골목 안으로 들어서면 허름한 식당들이 다다다닥 붙어 있는데요. 비좁은 이곳에선 식사 시간마다 비릿하고 매캐한 생선 요리 냄새가 진동합니다. 뻘건 갈치조림이 담긴 양은 냄비나 뚝배기를 널찍한 가스 그릴 위에 잔뜩 올려놓고 보글보글 끓이는 모습을 보고 있자면 군침이 절로 당깁니다. 매콤하고 짭조름한 갈치조림과 무 한 조각을 곁들이면 밥 한 공기를 금세 뚝딱 해치우게 되죠.

갈치조림이 유명한 이 골목은 서울 남대문시장에 있습니다. 내국인뿐 아니라 외국인 관광객도 즐겨 찾는 서울의 대표 명소죠. 주황색 바탕에 갈치 캐릭터를 그려 넣고 큼지막한 글씨로 '갈치골목'이라 적은 간판을 내건, 본동상가(지금의 1414본시장)의 허름한 건물 사이에서 찾을 수 있어요. 오늘날의 남대문시장이 시작된 장소이기도 합니다.

그런데 궁금하지 않나요? 수많은 음식 중에 어쩌다 갈치조림이 바닷가도 아닌 서울 한가운데 있는 남대문시장의 별미로 유명해지게 된 걸까요?

600살 먹은
시장

서울 지도를 보면 남대문시장이 도시 정중앙에 위치한다는 사실을 곧바로 알 수 있습니다. 숭례문 동쪽에 자리 잡은 시장 일대는

서울특별시 내 한양도성 구역

행정 구역상으로 서울특별시 중구 남창동에 해당하는데요. 총 25 개 자치구로 구성된 수도 서울의 넓은 땅 위에서, 중구는 한자로 '가운데 중中'을 쓰는 그 이름처럼 심장부를 차지하고 있습니다. 서울특별시의 시청도 중구에 있죠.

조선은 건국 후 궁궐, 종묘, 사직 등 새로 마련한 왕실의 주요 시설을 보호할 목적으로 한양도성을 빙 둘러쌓아 올렸습니다. 성 벽 안쪽에 있는 핵심 지역이 지금의 종로구 남부와 중구 일대입니다. 성벽 중간중간에는 4대문(흥인지문, 돈의문, 숭례문, 숙정문)과 4소문(혜화문, 광희문, 소의문, 창의문)을 만들었습니다. '4대문 안'으로 수상한 자가 출입하지 못하도록 각 관문에선 통행하는 사람들을 검문했습니다.

성벽을 사이에 두고 안팎을 철저히 구분했지만 도성 안의 왕실이나 양반들도 먹고살려면 외부에서 유입되는 다양한 물품에 의존할 수밖에 없었습니다. 그래서 1414년 성안에 시전(조정에서 공식적으로 운영권을 인정해 준 시장)이 설치됩니다. 소비자는 상품을 구입할 때 이동 거리와 비용을 최소화하려는 경향이 있죠. 상업 입지는 소비자의 이러한 행동 특성을 반영해 물건을 들여오기 쉽고 소비자와 가까운 장소에 형성되기 마련입니다. 조선 시대 한양도성 안에서 교통이 편리한 곳은 바로 숭례문 안쪽의 큰길가였습니다. 숭례문은 도성을 드나드는 남쪽 관문, 즉 남대문의 원래 이름입니다. 남대문시장은 600여 년이 넘는 오랜 역사를 간직하고 있는 것입니다.

숭례문 근처의 상권이 한층 활성화된 건 선조 때 선혜청이 남창동에 세워지면서부터입니다. 선혜청은 오늘날 세금 징수를 담당하는 국세청과 비슷한 역할을 하는 기관인데요. 선혜청이 들어선 뒤 각 지방에서 거둬들인 쌀, 옷감 등 많은 물자가 이곳으로 모이게 됩니다. 자연스레 유통망이 발달하고 주변에 북적거리는 저잣거리가 나타났어요.

임진왜란과 병자호란을 겪고 17세기 내내 기근으로 농지의 상태가 엉망이 된 가운데 지주의 수탈까지 악랄해지자, 농민들이 고향을 등진 채 도시로 몰린 것도 상업이 발전하게 된 이유였습니다. 이에 나라에서 허가한 도성 안의 시전 말고 일반 백성이 임의로 물건을 사고파는 난전이 성문 밖에 생겨나기 시작합니다. 남대문 밖에도 이런 난전이 섰는데, 바로 칠패 난전이었습니다.

난전은 '어지러운 가게'란 뜻입니다. 나라가 관리하는 영역 밖에서 운영되니 시장 질서를 어지럽힌다는 의미로 이렇게 이름 붙였던 모양입니다. 번듯한 가게에서 지정된 품목만 거래하는 시전과 달리 노점이 대부분인 데다 상품 종류가 잡다했다는 점에서도 '어지러운 가게'란 표현이 적합한 것 같습니다.

조선 후기에 생겨난 대표적인 난전 두 곳이 칠패와 이현입니다. 칠패는 숭례문 밖, 이현은 흥인지문(동대문) 밖에 있었고 각각 남대문시장과 동대문시장의 뿌리가 되었다고 합니다. 한양의 남서쪽과 동쪽이라는 입지의 차이로 인해 두 난전에서 주로 취급하는 상품도 달랐는데요. 칠패 난전에선 생선이나 젓갈, 해조류, 소금 같은 수산물과 쌀, 잡곡 등이 많이 팔렸습니다. 특히 칠패의 어물전(수산물 가게)은 명성이 자자했습니다. 칠패가 한양도성과 한강의 마포나루를 오가는 가장 짧고 편한 경로의 길목에 있었기에 신선도 유지가 중요한 수산물 거래에는 딱 맞는 입지였죠.

서울의 원조
수산물 가게

다산 정약용이 남긴 시 〈춘일체천잡시〉(1782)의 시구에서 18세기 칠패 어물전의 모습을 짐작할 수 있습니다.

> 숭례문 앞 시장이 이른 새벽 열려 / 칠패 사람들 말소리가 성 너머로 들려오네 / 바구니 들고 나간 어린 여종 느지막이 돌아왔는데 / 용케도 싱싱한 생선 한두 마리를 구해 왔구나

설명을 보태자면, 조선의 도읍이 한양이 된 배경에는 서해와 한강 수로를 활용해 각 지방에서 바친 조세 물품을 배에 실어 들여오기 편하다는 점이 큰 영향을 끼쳤습니다. 그중 마포나루는 조선 시대에 전국의 크고 작은 배들이 드나드는 포구이자 유통

칠패 터와 현재 남대문시장 갈치조림골목의 위치

중심지였는데요. 이 일대의 지형은 충적 평야(흐르는 물에 휩쓸려 온 흙, 모래 등이 쌓여 생긴 평야)가 발달하고 한강 물도 깊어서 배가 닻을 내리고 머물기에 유리했습니다. 또 거리상 도성까지 멀지 않고 평탄한 길이 나 있어 상인들이 다니기 편했죠.

서해와 한강에서 잡힌 생선 등의 수산물은 다른 물품과 마찬가지로 일단 마포나루에 내린 뒤 주요 소비층인 도성 안팎 주민들이 찾아오는 칠패 난전으로 옮겨졌습니다. 그로 인해 조선 최대의 어시장이 형성된 것입니다. 정약용의 여종이 그러했듯 한양 사람들은 이른 아침이면 숭례문 밖 칠패 난전으로 신선한 생선을 사러 왔습니다. 시장의 위치가 지금의 남대문시장 자리인 동쪽으로 이동한 건 대한제국이 선포된 이후입니다. 정부가 남대문로를 깨끗이 정비한다며 난전을 철거하고 선혜청 자리에 근대적 상설 시장인 창내장을 조성해 칠패의 상권을 흡수했죠.

세월이 흘러 한양은 경성, 서울로 이름이 달라졌으나 이 도시의 사람들은 변함없이 이곳에서 생선을 사다 먹었습니다. 그러다 산업화를 거치면서 남대문시장 판매대 위에 놓인 물건 종류가 달라집니다. 의류, 액세서리 등 공산품과 수입품으로 바뀐 것이죠. 한편 냉장 기술과 교통의 발달로 동네에서 얼마든지 신선한 생선을 구할 수 있게 되자 남대문시장의 수산물 소매는 급격히 위축되었습니다. 게다가 노량진수산시장과 가락동농수산물시장이 들어서며 대부분의 상인들이 옮겨 가 도매 상권 또한 사라지다시피 합니다. 그럼에도 20여 곳의 수산물 상점들이 남대문시장의 발원지라 할 수 있는 본동상가에서 끈덕지게 자리를 지키며 칠패 어물전의 명맥을 이어 왔습니다.

남대문시장과 갈치조림의
연결 고리

다른 생선도 많은데 왜 하필 갈치조림이 대표 메뉴가 되어 잘 팔렸을까요? 과거 갈치는 가격이 저렴해 서민들에게 부담 없는 식재료였기 때문입니다.

몸이 길쭉하면서 은백색빛으로 반짝거리는 이 생선은 꼭 칼처럼 생겼다고 해서 '칼치'나 '칼 생선'이란 뜻의 한자어 '도어刀魚'로 불렸는데요. 따뜻한 바다를 좋아하는 어류라 난류가 흐르는 한반도 남해와 서해에 주로 서식합니다. 겨울에는 제주도 서쪽 바다에서 머물다 봄이 되면 무리를 지어 수온이 높아진 서해까지 올라옵니다. 기후 변화와 남획으로 어획량이 줄어든 지금과 달리 근해에서 쉽게 잡을 수 있었고, 생선 살이 보드랍고 맛이 좋으니 조림은 물론 찌개, 국, 구이, 젓갈 등 다양한 방식으로 먹었습니다. 1820년대에 실학자 서유구가 쓴 《난호어목지》에는 '갈치는 염건(소금에 절여 말리는 것)하여 서울로 보내는데, 맛이 좋을 뿐 아니라 값이 싸다'는 기록이 나옵니다. 그러니까 조선 시대에도 서해에서 잡힌 갈치가 한강과 마포나루를 거쳐 칠패 어물전에 도착한 뒤 저렴한 가격에 팔렸을 것입니다.

흔한데 맛있기까지 한 갈치의 인기는 시대가 달라져도 쭉 이어졌습니다. 1984년 수산청 조사 결과에 따르면, 한국인이 자주 섭취하는 수산물 중 1위가 김(25.1%), 2위가 갈치(16.1%), 3위가 고등어(11.6%)였으며 생선 종류만 놓고 보면 갈치의 선호도가 가장 높았습니다. 이런 배경에서 갈치조림이 1980년대에 남대문시장의 별미로 탄생합니다. 원래 시장 상인들을 상대로 밥장사를 하던 소규모 식당들이 당시 서민 식탁의 단골 반찬인 갈치조림을 앞다퉈 대표 메뉴로 내놓으면서 1988년 전후로 남대문에 갈치조림골목이 형성되었다고 하네요.

가게마다 조리법이나 모양새는 조금씩 다릅니다. 제가 예전에 가 본 식당에서는 잔뜩 찌그러진 양은 냄비에 갈치조림이 담겨 나왔어요. 처음 입에 넣었을 땐 짜다고 느꼈지만 먹다 보니 자꾸 손이 가더라고요. 갈치가 귀해져 값이 오르면서 갈치조림 가격도 꽤 비싸졌죠. 그런데도 시장에 온 소비자와 소매상인, 근처 회사의 직장인들은 여전히 이 남대문시장의 별미를 찾고 있답니다. 요즘도 갈치조림 백반이 담긴 쟁반을 머리 위에 겹겹이 쌓아 배달하는 진풍경을 볼 수 있어요.

한국해양수산개발원의 설문 조사를 보면, 청소년들에게 생선

조림은 학교 급식의 '밥경찰' 중 하나였습니다. 더구나 갈치조림은 가시를 일일이 발라내야 하니 번거로워서 인기가 없을 만하죠. 그래도 구수하고 달큼한 흰쌀밥 위에 칼칼한 양념이 푹 배어든 보드라운 갈치 살을 얹어 한 입, 두 입, 맛을 들이다 보면 어느새 '밥도둑'에 밥을 홀랑 털리게 될지도 몰라요. 서울에서 맛집 탐방을 다닐 계획이라면 남대문의 갈치조림은 꼭 한번 맛보시길 바랍니다. 맛도 맛이지만, 남대문시장의 끈덕진 역사가 그 한 그릇에 고스란히 졸여져 있으니까요.

지금은 갈 수 없는
도시의 흔적

경기 연천
냉면

여름이면 떠오르는 음식 중 하나가 살얼음 동동 뜬 시원한 냉면입니다. 냉면은 조선 후기 한양에서도 배달 음식으로 팔릴 만큼 인기가 좋았습니다. 이유원의《임하필기》(1871)에는 순조가 밤에 달을 구경하다가 사람을 시켜 궁 밖에서 냉면을 사 와서 먹었다는 기록이 있죠.

조선 시대에 가장 맛있는 냉면으로 꼽힌 것은 평안도 냉면이었습니다. 메밀가루 반죽으로 면을 뽑아 동치미와 고기 육수에 말아 먹는 평양냉면이 바로 평안도 냉면에 속한 음식입니다.

지역 이름이 붙은 유명한 냉면에는 함흥냉면과 진주냉면도 있는데요. 함흥냉면은 나중에야 냉면으로 불리게 된 것으로, 원래는 다른 종류의 국수였습니다. 전통적으로 냉면은 국수의 재료로 메밀을 쓰는 데다 조리법 역시 요즘 '물냉면'이라 부르는 스타일의 음식이었거든요. 함흥냉면은 감자 전분으로 만든 쫄깃한 국수를 쓰고 고춧가루가 들어간 매운 양념에 비벼 먹는 '비빔냉면'이라서 냉면 취급을 못 받았어요. 반면 해물 육수에 소고기전을 고명으로 올리는 진주냉면은 유서 깊은 향토 음식입니다. 북쪽에 평양냉면이 있다면 남쪽에는 진주냉면이 있다고 말했을 정도로요.

북과 남의 냉면을 대표하는 평양과 진주에는 공통점이 있습니다. 우선 두 도시 모두 냉면의 핵심 재료인 메밀을 구하기 쉬웠어요. 평양이 위치한 평안도와 진주 인근의 지리산은 기후가 서늘해서 메밀이 잘 자라기 때문이죠. 또한 평양과 진주는 조선 시대에 술자리 유흥을 즐기는 교방 문화가 발달한 곳이었습니다. 밤느지막이 기생집에서 손님들에게 술안주로 제공하던 야식 메뉴에는 냉면도 있었습니다. 술 때문에 쓰린 속을 달래는 데엔 삼삼하고 개운한 냉면 육수만큼 좋은 게 또 없었을 테죠. 그렇다면 평양냉면이나 진주냉면처럼 지역 이름이 붙은 연천냉면에도 이런 배경이 있을까요?

평양에서 연천 찍고
의정부 거쳐 서울로

냉면 마니아들은 서울의 평양냉면 맛집을 '의정부파'와 '장충동
파'로 나누곤 합니다. 의정부파는 의정부시 의정부동의 '평양면
옥'에서, 장충동파는 서울시 장충동의 '평양면옥'에서 비롯한 평
양냉면 전문 음식점들을 가리킵니다. 두 분파를 놓고 어느 쪽이
더 진짜 평양의 냉면 맛에 가까운지 치열한 논쟁을 벌이기도 하
는데요.

그중 의정부의 '평양면옥'은 평양 출신의 홍영남·김경필 씨 부
부가 창업한 식당입니다. 이 부부의 자녀들이 서울에 낸 '필동면
옥' '을지면옥' '의정부평양면옥' 등의 냉면집이 바로 의정부파에
속하죠.

평양면옥 본점은 홍 씨의 부모가 일제 강점기에 평양에서 운
영하던 가게에 뿌리를 두고 있습니다. 부부는 한국 전쟁 중 남한
으로 피난했다가 고향에 돌아가지 못했다는데요. 먹고살기 위해
이런저런 장사를 하다 전쟁이 끝난 지 한참 뒤에 부모의 평양냉
면 조리법을 되살려 음식점을 엽니다. 당시 처음 냉면 가게를 낸

곳은 의정부가 아니라 연천이었는데, 김 씨는 그 이유를 다음과 같이 밝혔습니다.

> "연천이 이북하고 가깝잖아요. 그때는 피난 왔다가 금방 통일이 되어서 고향으로 올라갈 수 있을 줄 알았지요. 이렇게 될 줄은 몰랐지. 고향으로 다시 가긴 힘들겠구나 생각을 했어요. 그래서 좀 더 장사하기 좋은 곳을 알아보다가 의정부로 옮긴 거예요."

경기도의 가장 북쪽에, 그리고 내륙에 자리한 연천은 산지가 많고 추운 편이어서 메밀을 재배하기 유리한 환경을 갖췄습니다. 메밀이 많이 생산되는 강원도와 가깝기도 하고요. 하지만 평양이나 진주처럼 일찍이 교방 문화가 발달한 고장은 아니라 냉면은 생소한 음식이었습니다. 연천냉면은 옛날부터 연천에 전해 내려온 음식이 아니라 한국 전쟁 때 남쪽으로 내려온 이북 주민이 분단 후 북한과 가까운 연천에 정착하면서 고향 음식을 재현한 것입니다. 서울의 냉면 업계를 사로잡은 의정부파 평양냉면의 역사는 실향민의 손맛이 탄생시킨 연천냉면에서 시작되었던 셈이죠.

사골에 **까나리액젓**까지, 진화하는 **이북식 냉면**

연천 말고도 휴전선과 가까운 곳에 새 터전을 마련한 실향민은 더 있었습니다. 백령도, 강화도, 파주 등 북한과 맞닿은 지역에 이북식 냉면 맛집이 유독 많은 게 그 때문인데요. 특히 인천광역시에 속하는 백령도에는 실향민이 가져온 냉면 문화에 현지 특산물이 어우러진 독특한 냉면이 있습니다.

백령도는 서해의 남한 영토 가운데 가장 북쪽에 위치한 섬입니다. 동쪽과 북쪽으로 북한 황해도의 옹진반도, 장산곶과 마주한 군사적 요충지입니다. 남한보다 북한의 육지와 훨씬 가깝고 분단 이전에는 행정 구역상 황해도에 속했습니다. 그래서 전쟁 중에 황해도 해안 지역에서 북한군과 싸웠던 군인과 그 가족들은 고향이 코앞에 있는 백령도로 피난을 간 경우가 적지 않았습니다. 그러다 남한에 속한 백령도 주민으로 남게 되었죠.

고기 육수로 만드는 투명한 국물의 평양냉면과 달리, 황해도식 냉면은 뽀얀 사골 육수를 써서 맛이 진한 게 특징입니다. 백령도에서는 이에 더해 간장 대신 지역 특산물인 까나리액젓으로 간을

백령도의 위치

맞추는데요. 이 냉면의 감칠맛이 1970년대에 인천 시내로 전해지더니 곳곳에 '백령냉면' '백령면옥' '백령도냉면' 등 '백령'이란 지역 이름을 내세운 황해도식 냉면 전문점들이 들어서게 됩니다.

백령도 냉면이 실향민 음식이 맞느냐를 두고 서로 다른 주장들이 있긴 합니다. 앞서 얘기한 것처럼 백령도는 원래 황해도 땅이었잖아요. 그래서 섬에 살던 원주민들이 오래전부터 황해도식 냉면을 만들어 먹었다는 설이 있고요. 한국 전쟁 당시 실향민들이 육지에서 챙겨 온 메밀 씨앗을 백령도에 심어 재배한 뒤부터 냉면을 먹기 시작했다는 이야기도 있습니다.

산×강×바다

자연지리 여행

3

드넓은 평야가
산맥에
닿으면

전북 전주
비빔밥

결절지에 담긴 5색5미

너무 바빠서 밥을 챙겨 먹을 여유조차 없어요. 그런데 배꼽시계는 눈치도 없이 꼬르륵꼬르륵, 요란한 알람 소리를 내며 아우성칩니다. 시간은 없고, 못 견디게 배는 고프고…. 이 당혹스러운 상황을 어떻게 해결해야 할까요? 저는 우선 근처에서 편의점부터 찾습니다. 편의점을 발견하면 곧장 들어가 삼각김밥을 사서 후딱 포장을 뜯고 우걱우걱 먹어 치웁니다. 순식간에 속이 든든하게 채워지면서 문제 해결!

간편식의 대표 주자 삼각김밥은 종류가 참 다양하죠. 여러분은 어떤 맛을 가장 좋아하세요? 2022년에 한 편의점 프랜차이즈 업체가 지난 10년 동안의 삼각김밥 판매량을 집계한 자료가 있는데, 1위는 참치마요, 2위는 전주비빔, 3위는 스팸김치 순이었다고 해요. 세 종류 중에서 우리가 눈여겨볼 것은 바로 2위에 오른 전주비빔 삼각김밥입니다. 버섯이 1위가 있는데 왜 2위에 관심을 가지냐고요? 참치마요는 일본에서 건너왔지만, 전주비빔은 한국의 향토 음식을 접목시킨 편의점 먹거리거든요. 잊지 않았죠? 우리는 전국의 맛집을 돌아다니며 지리를 만나고 있다는 사실을요. 자, 그래서 이제부터 이야기할 음식은 전라북도 전주시의 전주비빔밥입니다.

동쪽에는 산, 서쪽에는 평야

전라도全羅道는 '전주全州와 나주羅州가 있는 지역'이란 뜻입니다. 두 도시의 앞 글자만 따서 합친 것이죠. 고려와 조선은 각 지방의 중심이 되는 고을로 도 단위의 지명을 정했는데, 그 이름이 오늘날까지 이어진 거예요. 가령 충청도는 충주와 청주, 경상도는 경주와 상주, 황해도는 황주와 해주, 강원도는 강릉과 원주, 평안도는 평양과 안주, 함경도는 함흥과 경성(경흥)에서 나왔어요. 지금 호남의 중심 도시는 광주광역시이지만 옛날엔 전주와 나주였습니다. 아울러 앞 글자를 나열한 순서대로 더 큰 고을이었으니, 전라도의 핵심 지역은 전주였다는 사실을 알 수 있죠. 전주비빔밥은 전주뿐 아니라 전라도의 대표 먹거리인 셈입니다.

전주비빔밥은 쌀밥과 콩나물, 소고기 육회, 황포묵, 달걀지단, 애호박, 은행, 고사리, 표고버섯, 밤, 호두, 고추장, 참기름 등 30여 가지의 식재료가 어우러진 음식이에요. 흔히 '5색5미五色五味의 조화'라고 하는데, 다섯 가지 색(푸른색, 빨간색, 노란색, 하얀색, 검은색)과 다섯 가지 맛(단맛, 짠맛, 신맛, 매운맛, 쓴맛)을 낸다는 의미입니다. 보기에도 화려하지만 맛과 향이 다채롭고, 영양소를 골고루 갖추고 있습니다. 이렇게 풍성해질 수 있었던 건 전주의 독특한 자연환경 덕분입니다.

전주는 아주 옛날부터 부유한 고장이었어요. 삼천과 전주천이 지나고 북쪽으로는 만경강이 흘러 물을 구하기 쉬운 데다 땅이 기름져 농사가 잘되었기 때문입니다. 후백제가 도읍으로 삼고, 조선이 전라도 전체를 총괄하는 전라감영(오늘날의 도청)을 설치한 데는 그런 배경이 있죠. 조선 시대에 가구 수(집의 개수)로는 한양, 평양에 이어 세 번째로 큰 도시였고, 인구가 전국에서 다섯 번째로 많은 지역이었다는 점에서도 전주의 위상이 얼마나 대단했는지 가늠해 볼 수 있습니다.

지역의 중심지로 발전한 건 단지 농사가 잘되어 사람이 살기

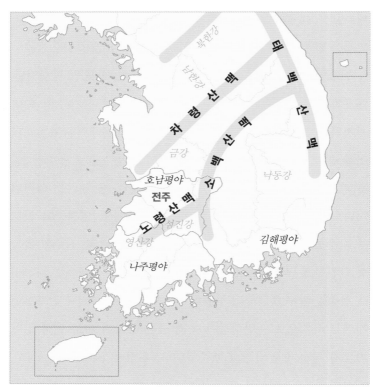

노령산맥과 호남평야

좋아서만은 아니었어요. 호남의 지형을 보면 소백산맥에서 갈라
져 나온 노령산맥이 북동쪽에서 남서쪽으로 뻗어 내려오는 것
을 확인할 수 있습니다. 동쪽과 남쪽에는 산지가 발달한 반면, 서

쪽 해안 지역에는 드넓은 호남평야가 펼쳐져 있죠. 전주는 동쪽의 산지와 서쪽의 평야가 만나는 지점에 자리합니다. 덕분에 산간 지대에서 나는 작물과 곡창 지대에서 나는 농산물이 모두 모여 서로 교환하기 좋은 결절지(서로 구분된 두 지점을 연결해 주는 지역)가 되었어요. 산에서 살아가는 사람들은 평야에서 생산된 쌀이 필요하고, 평야에서 살아가는 사람들은 산에서 나는 신선한 나물이 먹고 싶은 법이니까요. 산업화 이전의 전통 사회에선 먹거리가 경제 활동의 중심이었기에, 전주는 호남 제일의 고장으로 입지를 다집니다. 식재료가 다양하고 풍부한 환경이면서 정치와 행정의 요지로 발전하다 보니 음식 문화도 꽃을 피웠죠. 그 대표적인 결과물이 전주비빔밥이었습니다.

전주의 열 가지 맛 중
네 가지 맛

비빔밥을 전주에서만 먹었던 것은 아닙니다. '한국인은 밥심으로 산다'는 말이 있을 정도로 밥은 한식의 기본인데요. 밥에 반찬을 곁들여 먹기도 하지만, 반찬을 밥에 넣어 비벼 먹는 문화는 전국에 오래전부터 있었어요. 밥과 반찬을 따로 놓고 먹으려면 그릇이 여러 개 필요하고, 다 먹고 나서 하나하나 설거지하는 것도 성가시잖아요. 그래서 일상이 바쁜 농가나 음식을 절제하는 절을 중심으로 밥과 나물을 간단히 비벼 먹는 비빔밥 문화가 널리 퍼졌습니다.

비빔밥을 백성들만 먹었던 건 아닙니다. 권력과 돈을 거머쥔 사대부들도 즐겼는데, 들어가는 식재료는 훨씬 다양했습니다. 각 지역에 저마다 비빔밥이 있었고 재료나 먹는 방식은 조금씩 달랐는데요. 쟁쟁한 상대들을 제치고 오늘날 전주비빔밥이 비빔밥의 대명사로 굳어진 데는 다 이유가 있겠죠?

미식의 도시 전주에는 '전주 10미'라고 불리는 열 가지 식재료가 있습니다. 전주시 교동의 콩나물과 황포묵, 신풍리의 애호박, 기린봉 일대의 무, 서당골의 파라시(감), 한내의 민물 게, 남천의 모래무지, 선너머의 미나리, 이웃 완주군 삼례읍의 무와 소양면의 서초(담배)입니다. 완주의 식재료를 왜 전주 10미에 포함시켰는지 의문이 들 수도 있는데, 완주군의 일부는 과거에 전주와 같은 행정 구역(전주부)에 속해 있었답니다. 아무튼 이 열 가지 재료는 다양한 전주 음식에 들어가 고유의 맛과 향을 자아내는데요. 전주시가 지정한 전주비빔밥의 표준 조리법을 보면 10미 중 무

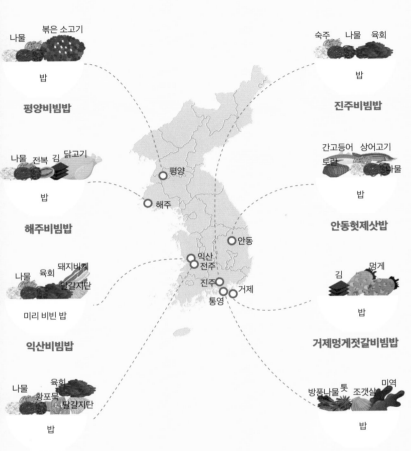

나물 / 볶은 소고기 / 밥

평양비빔밥

나물 / 전복 / 김 / 닭고기 / 밥

해주비빔밥

나물 / 육회 / 돼지비계 / 달걀지단 / 미리 비빈 밥

익산비빔밥

나물 / 육회 / 황포묵 / 달걀지단 / 밥

전주비빔밥

숙주 / 나물 / 육회 / 밥

진주비빔밥

간고등어 / 상어고기 / 토란 / 나물 / 밥

안동헛제삿밥

김 / 멍게 / 밥

거제멍게젓갈비빔밥

방풍나물 / 톳 / 조갯살 / 미역 / 밥

통영비빔밥

평양 / 해주 / 안동 / 익산 / 전주 / 진주 / 거제 / 통영

팔도 비빔밥

조선 후기에는 전주비빔밥 외에도 해주교반
(닭고기, 나물 등을 넣는 황해도 해주 지역의 비빔밥),
진주화반(육회, 숙주 등을 넣는 경남 진주 지역의
비빔밥) 등이 유명했다.

려 네 가지가 쓰입니다. 콩나물, 황포묵, 애호박, 무가 그 주인공들입니다.

전주는 콩나물국밥으로도 유명합니다. 시내 곳곳에서 콩나물국밥 전문점을 쉽게 볼 수 있죠. 콩나물은 전주의 밥상에서 빠지면 섭섭할 정도로 친숙한 반찬이에요. 전주가 남부 지방에 위치해 기후가 따뜻한 편이고 토질이 좋아 콩나물이 맛있게 자라기 때문입니다. 콩 자체는 전주 고유의 산물은 아니라고 합니다. 전주시 남쪽에 있는 임실군에서 서목태(쥐눈이콩)가 많이 나는데, 이 콩이 전주로 와서 콩나물로 생산된 것이라고 해요. 다른 지역에 비해 잔뿌리가 없고 연해 식감이 좋아서 다양한 음식에 들어가는데, 전주비빔밥에도 빠져선 안 되는 핵심 재료입니다. 황포묵은 치자를 넣어 노랗게 물들인 청포묵입니다. 수온이 일정한 녹두포 샘물로 만든 부드러운 묵을 전주비빔밥에 올려 곱고 영롱한 빛깔을 냈습니다. 초록빛 애호박은 채를 썰어 볶고, 흰 무는 생강과 고춧가루 등으로 무쳐 맛과 멋을 더했습니다.

전주비빔밥이 인기를 모으는 데 결정적인 역할을 한 건 신선한 육회입니다. 육회는 우둔살(소의 볼깃살)로 만들어 먹는데, 그러려면 소의 유통이 활발한 곳이어야 했습니다. 조선의 여성 실학자 빙허각 이 씨라는 사람이 지은 가정 살림 백과사전《규합총서》(1809)에는 전주에서 우둔살로 만든 연엽찜이 유명하다는 기록이 나옵니다. 옛날엔 소를 주로 농경용으로만 쓰도록 했지만, 전주는 부유한 고장이라 다른 지역에 비해 소를 자주 잡아 육회를 구하기 쉬웠던 모양입니다. 전주를 대표하는 열 가지 맛 중 네가지 맛, 그리고 육회처럼 흔치 않은 재료가 어우러지면서 전주비빔밥은 일찍부터 유명한 향토 음식이 될 수 있었습니다.

전주도 비빔밥도
변했지만

호남은 예나 지금이나 한국 최대의 농업 지역입니다. 하지만 한국의 산업 구조가 1차 산업에서 3차 산업 위주로 바뀌면서 호남의 경제 상황은 큰 변화를 겪었습니다. 풍부한 농산물을 토대로 발전해 전라도를 대표하던 전주의 위상 역시 전과는 사뭇 달라졌어요. 1970년대에 산업화가 이뤄지며 공업 단지는 주로 수도권과 영남에 집중되었고, 호남 내의 공업화는 지역 중심지인 광주와 무역에 유리한 군산, 여수, 광양 등 해안 지역에서 일어났습니다.

그로 인해 호남 제1의 도시는 광주광역시에 내줬지만, 전통문화를 잘 보존하고 예술을 발전시킬 수 있었어요. 전주가 '예향의 도시'라는 수식어를 얻고, 관광지로 인기가 높아지면서 전주비빔밥도 더 주목받게 됩니다. 1980년대 이후에는 국민 소득의 증가로 외식이 늘자 전국에 전주비빔밥 식당이 들어섰죠.

전주비빔밥은 고급 외식 메뉴가 되었습니다. 옛날에는 함지박에 콩나물, 육회, 참기름, 간장 등을 아무렇게나 넣고 쓱쓱 비빈 뒤 사발에 나눠 담아 황포묵만 얹어 내는 식이었는데요. 다채로운 색과 모양을 강조하고자 각각의 재료를 밥 위에 가지런히 올려 손님이 직접 비벼 먹도록 바꿨습니다. 고명의 종류도 훨씬 늘어났습니다. 양념 역시 고춧가루를 넣어 담백하게 매콤한 맛을 냈는데, 1970년대 이후로는 고추장을 넣으면서 매운맛을 더욱 강조하게 되었다고 해요. 1950년대에 전주비빔밥 맛집으로 유명했던 '욤팡집'의 조리법을 보면 표고버섯과 소고기를 넣고 졸인 간장, 고기 국물이 맛의 비결이었다고 하니 지금의 방식과는 다소 차이가 있죠. 그래도 전주의 멋과 맛이 어우러진 별미라는 사실은 변함이 없습니다.

한편 전주비빔밥의 핵심 재료인 콩나물과 묵이 유달리 맛있었던 비결은 깨끗한 물에 있었는데요. 옛날엔 전주의 남동쪽에서 북서쪽으로 흐르는 전주천이 맑은 물을 공급해 주는 도시의 젖줄이었어요. 하지만 산업화 시대에 생활 하수와 폐수가 마구 버려지면서 생물이 살 수 없는 더러운 하천이 되어버렸죠. 다행히 1998년부터 시작된 자연 하천 복원 사업으로 수질이 개선되어 지금은 천연기념물인 수달과 원앙을 비롯해 물고기 등 다양한 수중 생물이 어울려 서식할 정도로 되살아났습니다. 전주한옥마을 가까이 자리한 남천교 주변의 전주천길은 시민들과 관광객이 즐겨 찾는 명소로 각광을 받고 있어요. 전주엔 전주비빔밥 말고도 맛있는 먹거리가 가득한데, 혹시 이런 음식들을 너무 많이 먹어서 배가 부르면 소화도 시킬 겸 전주천길을 걷거나 자전거를 타고 둘러보면서 다시 찾은 맑은 물의 옛 정취에 푹 빠져 보세요.

황토와 해풍이
부쳐 낸
한 접시

부산 동래
파전

부산 파전이 아닌 이유

사각사각, 질겅질겅, 오독오독! 한 유튜버가 무지갯빛 팝핑보바, 보석젤리, 별사탕을 맛있게 먹으며 녹음한 소리입니다. 2020년에 올라온 먹방 ASMR인데요. 이 영상은 2023년 현재, 무려 4억 5000만 회의 조회 수를 기록하고 있습니다. 얼마나 많은 사람들이 ASMR 콘텐츠에 열광하고 있는지 알 수 있죠.

유행을 놓치지 않고, 부산광역시도 공식 유튜브 채널을 통해 ASMR 시리즈를 연재했습니다. 1편으로 선보인 영상은 '동래파전 굽는 소리'입니다. 기름 두른 무쇠 팬 위에서 파전이 '지글지글, 타닥타닥' 하며 맛깔나게 구워지는 부분이 특히 압권입니다. 소리만 듣고 있어도 동래파전을 맛보러 당장 부산으로 달려가고 싶은 마음이 간절해질 정도입니다.

쌀가루 반죽에 향긋한 쪽파와 미나리, 홍합·새우·낙지·굴 등

짭조름한 해산물을 듬뿍 넣어 기름에 튀기듯 바삭하게 지져 내고, 마지막에 달걀 푼 물을 끼얹어 노릇노릇한 색감을 입히는 동래파전. 화려한 모양새는 물론 특유의 고소한 냄새와 부치는 소리로 식욕을 마구 자극하는 별미죠. 밀면, 돼지국밥과 함께 부산을 대표하는 음식 중 하나로 꼽힌 동래파전의 명성은 전국적으로도 자자합니다. 동래가 어디인지 모르는 사람조차 동래파전이란 음식 이름은 들어 봤을 정도니까요. 부산이 아닌 서울 등 수도권을 비롯해 제주도까지, 각지에 '동래파전'이란 간판을 내건 식당이 여러 곳이라는 사실에서도 이를 잘 알 수 있습니다. 도대체 동래파전은 왜 이토록 유명해진 것일까요?

땅과 바다의
선물

좋은 맛은 좋은 식재료에서 나옵니다. 동래파전이 유명해진 것도 훌륭한 식재료 덕분입니다. 이름에서도 알 수 있듯이, 동래파전의 주인공은 파인데요. 초봄에 재배되는 쪽파가 주재료입니다. 쪽파는 대파보다 냄새가 덜하고, 길이가 짧고 얇아서 쌀가루 반죽과 곧잘 엉겨 붙습니다. 더구나 구워 놓으면 달콤한 맛이 강해져 파전 재료로 활용하기에 안성맞춤입니다.

이 쪽파가 특산품인 지역이 있습니다. 바로 부산 동래구에서 멀지 않은 기장군입니다. 여기서 나는 쪽파를 기장쪽파라고 부릅니다. 기장쪽파는 2018년 국내 쪽파 중에선 유일하게 지리적 표시제 등록 농산물로 선정되었습니다.

지리적 표시 마크
지리적 표시제는 지리적 특산품의 품질을 높이고, 지리적 특산품 생산자를 보호해 우리 농산물 및 가공품의 경쟁력을 강화하려는 제도다.

지리적 표시제란, 상품의 특성이 그 생산지의 지리적 특성으로 인해 생겼을 경우 생산지 이름을 상표권으로 인정하는 제도입니다. 그러니까 다른 지역에서 나는 쪽파는 그냥 '쪽파'지만, 기장에서 나는 쪽파는 지역명을 붙여 '기장쪽파'라는 브랜드로 구분하는 것입니다. 그만큼 맛과 품질이 남다르다는 뜻이죠. 이 기장쪽파가 인근의 동래로 넘어와 파전에 들어가면서 부산의 대표 먹거리인 동래파전이 탄생할 수 있었습니다.

기장군 내에서도 쪽파가 주로 생산되는 지역은 일광면입니다.

기장군 동쪽에 위치한 일광면은 서쪽으로 일광산, 아홉산, 달음산 등 낮은 산과 구릉지가 발달했고 동쪽으로는 동해와 마주합니다. 이러한 지형적 특성으로 동쪽 바다에서 불어온 해풍이 서쪽 산지에 막혀 일광면 일대를 맴돌다 지나가죠. 한편 서쪽 산지의 작은 물줄기들이 일광천에 모여 동해로 흘러 나가면서 그 주변으로 황토 토질의 평야가 자리해 예로부터 농업이 발달했는데요. 염분과 무기물을 머금은 바닷바람, 영양이 풍부한 황토가 기장쪽파 고유의 진한 맛과 향을 내는 비결이라고 합니다.

하지만 뭐니 뭐니 해도 동래파전의 특별한 맛을 완성하는 건 해산물입니다. 동해와 남해에 걸쳐 있는 부산 앞바다는 어장이 발달한 곳입니다. 특히 동래파전에 올라가는 각종 조개는 부산의 대표적 수산물이죠. 동래패총(조개더미 유적)을 보면 이미 그 옛날 가야 시대에도 이 일대에서 조개가 많이 났다는 사실을 알 수 있습니다. 다른 지역에서는 파전을 간장에 찍어 먹는데 부산에선 동래파전에 초고추장을 곁들이는 이유도, 해산물이 풍성하게 들어가기 때문입니다.

왜 **부산파전**이 아니라
동래파전일까

전주에는 전주비빔밥이 있고 춘천에는 춘천막국수가 있죠. 그런데 부산 향토 음식인 동래파전은 부산파전이 아니라 동래파전으로 불립니다. 부산 하면 떠오르는 해운대도 아니고, 어쩌다 작은 행정 구역인 동래구의 이름을 붙이게 되었을까요? 결론부터 말하자면, 동래가 과거에 부산의 중심지였고 지금의 부산 지역을 일컫는 원래 이름이었기 때문입니다.

부산이라는 지명은 부산포에서 유래했습니다. '포浦'는 배를 대는 나루터를 뜻하는 한자인데요. 이름에 이 한자가 있는 지역들은 옛날에 나루터로 쓰인 곳들입니다. 인천 제물포, 전라남도 목포, 서울 마포 등에 '포' 자가 들어간 것도 모두 강이나 바다를 낀 지형이라서 그렇습니다. 부산포가 문헌상에 처음 등장한 시기는 조선 초기예요.《태종실록》과 여러 지리책에 '동래 부산포' '동래지 부산포(동래의 부산포)' '동래현 부산포' 등 동래에 소속된 작은 행정 구역으로 나옵니다. 한편 동래라는 지명은 삼국 시대부터 쓰였죠.

圖之浦山富萊東

自富山浦由大丘尚州揆山廣州至瓊城
十四日程由永川竹嶺忠州楊根至京城
十五日程自東萊至富山浦二十五里恒
居倭戶六十七男女老少并三百二十三
由水路梁山自黃山江路東江昌寧善山忠州金
遷江廣州至京城二十一日程

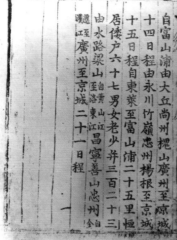

〈동래부산포지도〉
신숙주가 일본의 지형과 국정 등을 기록한 외교서 《해동제국기》(1471)의 일부로, 부산포가 동래에 속해 있었음을 확인할 수 있는 사료다. ⓒ국립중앙박물관

〈동래부순절도〉
임진왜란 때 동래읍성에서 왜군과 싸우는 동래부사와 백성들을 묘사했다.

동래가 크게 주목받기 시작한 건 고려 후기부터입니다. 당시 해안 지역에 왜구가 들끓어 약탈과 살인을 일삼자, 일본과 지리적으로 가까운 동래현이 방위 차원에서 중요해진 것입니다. 고려 왕실은 해적들이 이 일대에 쉽게 접근할 수 없도록 바닷가에서 한참 떨어진 곳에 동래읍성을 높이 쌓습니다. 이어 조선은 동래현에서 동래부로 행정 단위를 격상하고 왜구를 경계하는 한편, 일본과의 외교 창구로 활용했습니다.

동래읍성은 임진왜란을 겪으면서 무너졌지만 전쟁이 끝난 뒤 훨씬 큰 규모로 다시 세워집니다. 지금으로 치면 부산시청에 해당하는 관아인 동래부 동헌도 성안에 지었죠. 다시 말해 동래부는 오늘날 부산광역시와 같은 지위의 행정 구역이자 정치·외교·행정의 중심지였습니다.

사람이 모이는 곳엔 돈과 그 지역에서 생산되는 물건이 모여들게 마련입니다. 《동국문헌비고》를 보면, 조선 시대에 동래 관아 근처에 들어선 읍내장(지금의 동래시장)은 부산에서 가장 역사가 깊고 규모가 큰 시장이었습니다. 상인들이 기장쪽파나 부산 앞바다의 해산물을 짊어지고 읍내장으로 향한 건 당연했죠. 그렇게 동래 읍내장에 모인 다양한 식재료들이 만나 동래파전이 탄생한 것입니다.

파전 이름에 새겨진
동래의 옛 영광

동래부가 동래군으로 낮춰지고 한적한 어촌이던 부산포가 떠오른 데는 사연이 있습니다. 조선 왕실은 여러 번에 걸친 대마도 정벌로도 왜구를 완전히 없애지 못하는데요. 이에 유화책으로 왜관을 설치합니다. 왜인들이 자유롭게 드나들고 거주하면서 교역을 하도록 허가한 특별 구역인데, 철수와 이전을 거듭하다 부산포와 맞닿은 초량 일대에 초량왜관이 건설되죠.

약 200년 후 강화도 조약이 체결되면서 조선이 부산포를 개항하자, 일본은 오랜 세월 자신들의 터전이었던 초량왜관을 발판 삼아 이 일대에 대한 통치권을 강화해 나갔습니다. 나중에는 대한제국의 동래부를 폐지하고 부산부를 새로 마련해 행정 중심지를 바꿔 놓습니다.

이후 부산은 한국 제1의 국제 무역항이자 서울에 이어 인구가 두 번째로 많은 대도시로 계속 발전했습니다. 부산항이 태평양과 맞닿아 있으면서 1970년대 한국의 주요 무역국인 미국과 일본에서 지리적으로 가까워 해외 원료를 수입하고 완성품을 수출하기 유리한 입지를 갖추고 있었기 때문입니다. 자연스레 동래는 부산 광역시 동래구로 편입되었고, 옛 영광은 동래파전의 이름 정도에 남았습니다.

동래파전의 기원을 알려 주는 기록물은 아쉽게도 없습니다. 조선 숙종 때 금정산성을 쌓는 부역자들에게 부족한 밥 대신 끼니용으로 만들어 줬다거나, 궁중 요리를 하던 사람이 동래에 요리법을 전해서 기생들의 솜씨가 되었다고 추정합니다.

어쨌든 일제 강점기까지만 해도 동래파전은 '파전 먹는 재미로 동래장(읍내장)에 간다'고 할 만큼 장날에 맛보는 별미로 유명했어요. 그러다 한국 전쟁이 끝나고 동래의 기생들이 부산 유흥가로 한꺼번에 옮겨 갔는데, 그들과 함께 동래파전도 부산에 퍼져 나갑니다. 물론 요릿집과 장터의 노점에서 내놓는 동래파전은 재료나 가격이 달랐지만, 부자와 서민의 입맛을 모두 사로잡으며 오늘날 부산을 대표하는 음식이 되었습니다.

바다와 산과 강을 모두 품은 부산에는 맛집이 참 많은데요. 쪽파, 미나리, 해산물 등 다채로운 재료만큼이나 지역의 위치와 지형과 역사를 반죽한 동래파전이야말로 부산의 참맛이 아닐까 싶습니다.

바닷바람 부는 강에서 건져 올린

전북 고창
풍천장어

자연과의 공존으로
되찾은 명성

남해 바다를 다스리는 용왕이 시름시름 앓습니다. 병을 고치려면 육지에 사는 토끼의 간을 약으로 먹어야 한다는 진단을 받죠. 충직한 신하인 별주부(자라)가 토끼를 꾀어 용궁으로 데려오지만, 꾀돌이 토끼는 간을 육지에 두고 왔다는 거짓말로 모두를 속이고 도망갑니다. 우리에게 친숙한 설화《토끼전》혹은《별주부전》의 내용입니다. 이 이야기는 아주 옛날부터 입에서 입으로 전래되다가 조선 시대에 판소리〈수궁가〉로 불렸고, 19세기에 활동했던 고창 출신 판소리 명창 신재효가〈토별가〉로 정리하게 됩니다.〈토별가〉에는 아픈 용왕에게 이런저런 보양식을 바치는 장면이 나오는데요.

양기가 부족한가 해구신도 권해 보고

뇌점을 초잡난지 풍천장어 대령하고

이 중 '뇌점을 초잡난지 풍천장어 대령하고'는 오늘날의 말로
바꾸면 '폐결핵이 시작된 건가 싶어 풍천장어를 준비하고'란 뜻
입니다. 풍천장어가 건강이 좋지 않을 때 먹는 음식으로 오래전
부터 명성이 자자했음을 알 수 있는 대목입니다.

그래서인지 간판에 '풍천장어'를 넣은 장어 전문 음식점들이
전국에 아주 많습니다. 마치 '풍천'이란 단어가 장어집의 대표 브
랜드처럼 인식될 정도죠. 하지만 진짜 풍천장어는 전라북도 고창
군에서 맛볼 수 있다고 해요.

바닷물과
민물이 섞이는 풍천

풍천은 '바람 풍風'과 '내 천川'을 합친 말입니다. '바람이 불어오
는 강'이란 의미로, 사전에는 없는 단어입니다. 풍천이 어디서 비
롯한 말인지를 두고 서로 다른 의견이 있는데요. 한편에서는 고
창군의 인천강(주진천)을 가리키는 고유 지명이라고 주장합니다.

고창군을 관통하는 이 강이 서해 바다(곰소만)와 만나는 강어귀에선 육지 쪽으로 강하게 불어오는 바닷바람을 타고 바닷물이 강물로 역류한다고 해요. 그래서 인천강에 '풍천'이란 이름을 붙였다는 겁니다. 물론 기록으로 남은 것은 아니고 지역 내에서 전해 오는 이야기를 토대로 제시된 의견입니다.

아무튼 인천강처럼 강물과 바닷물이 섞이는 곳에서는 장어가 많이 잡힙니다. 장어의 새끼인 실뱀장어는 바다에서 맑은 민물로 거슬러 올라와 7~9년 동안 자란 뒤 어른이 되면 알을 낳기 위해 다시 바다 깊은 곳으로 돌아가는데요. 강에서 태어나 바다로 나갔다가 다시 강으로 돌아와 알을 낳고 생을 마감하는 연어와는 정반대인 셈이죠. 장어는 바다로 가기 전에 강물과 바닷물이 합쳐지는 지점에 머무르는데 곰소만과 만나는 인천강의 강어귀가 딱 그런 환경입니다. 곰소만은 깊이가 10m에 못 미칠 정도로 얕은 바다인 데다 밀물과 썰물 때의 해수면 높이 차이가 크고 갯벌로 뒤덮여 있어 장어가 좋아하는 영양분이 풍부해요. 덕분에 인천강이 바다로 나가는 부근의 물에선 장어가 아주 많이 잡혔는데, '풍천에서 잡히는 장어'라고 해서 풍천장어가 되었다고 합니다.

풍천장어의 맛이 특별한 이유는, 인천강에서 바다로 헤엄쳐

인천강(주진천)

가는 장어의 몸에 자연스럽게 적당한 간이 배어들기 때문입니다. 인천강은 바닷물이 거꾸로 흘러들어 강물에 소금기가 많으니까요. 곰소만에 발달한 염전의 영향으로 염분 함량이 높은 바닷물이 강물에 섞여 민물고기인 장어의 살을 더욱 짭짤하게 만들어준다는 주장도 있어요.

그런데 1980년대 이후 인천강에선 장어가 거의 잡히지 않게 됩니다. 무분별한 개발과 산업화로 강물이 오염되면서 장어 등 민물고기들이 살 수 없게 된 것이 가장 큰 원인이었죠. 아울러 그즈음 관광객 수가 많아지고 풍천장어의 인기가 높아져 소비가 급격히 늘자 마구 잡아들여 치어(새끼 물고기)의 씨가 마르기도 했고요.

풍천에서 장어는
사라졌지만

고창에서는 장어 양식 사업으로 날로 부족해지는 자연산의 수요를 메꿔 나갔습니다. 국내에서는 치어조차 구할 수 없어서 일본, 대만 등 외국에서 수입해 양식을 했어요. 풍천장어는 지역을 대표하는 향토 먹거리인 만큼, 결코 포기할 수 없었던 것입니다. 하지만 양식 장어는 자연산에 비해 맛이 떨어진다는 불만이 적지 않았습니다. 아무래도 사료를 먹고 자라다 보니 살에 지방이 많이 껴서 덜 쫄깃했기 때문이죠.

이에 고창군은 풍천장어의 명성을 되찾겠다며 새로운 정책을 개발해 선보입니다. 양식장 안에서만 키우는 일반 양식 장어와 달리, 양식으로 키운 치어를 고창 앞바다 갯벌에 풀어놓아 사료 대신 조개, 새우 등을 먹고 6개월 이상 자라게 한 뒤 잡아들이는 사업이었죠. 이렇게 하면 자연산 풍천장어의 맛과 식감을 비슷하게 살릴 수 있다고 해요. 이 '갯벌풍천장어'는 2002년 상표로 등

록되었습니다.

이런 노력에 힘입어, 인천강에서 장어는 사라졌지만 고창의 풍천장어는 여전히 많은 사람들에게 사랑받는 향토 음식으로 남았습니다. 고창군 곳곳의 장어집엔 손님들의 발길이 꾸준히 이어지고 있죠.

절 앞에서 피어나는
고소한 풍미

고창은 좋은 생태 환경을 갖춘 지역이라서 먹거리가 풍부합니다. 풍천장어 외에도 복분자, 수박, 바지락, 김, 보리, 쌀, 땅콩, 고추 등 다양한 농수산물의 맛이 좋기로 유명해요. 한 번쯤은 들어봤을 상하목장의 우유, 치즈 등 유제품도 고창군 상하면에서 생산하죠. 산지, 평야, 강, 바다, 갯벌을 모두 갖춘 지형 조건 덕택에 농·축·수산업이 고루 발달한 결과입니다. 유네스코가 고창군 전체를 '고창 생물권 보전 지역'으로 지정한 것도 고창의 남다른 지리적 환경 때문이에요.

생물권 보전 지역의 핵심 구역 중 하나가 선운산도립공원인

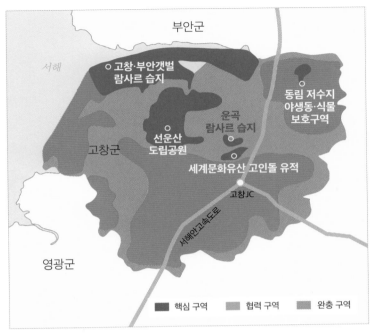

고창 생물권 보전 지역

데, 여기엔 삼국 시대에 처음 생긴 '선운사'라는 불교 사찰이 있어
요. 세월이 흐르며 여러 번 폐허가 되어 다시 지었고 지금의 사찰
건물들은 17~18세기에 만들어 놓은 것입니다. 오랜 역사를 자랑
하는 데다 규모가 크고 주변을 둘러싼 선운산의 풍경이 아름다워
많은 사람들이 찾습니다. 원래 이름은 도솔산이었지만 선운사가

선운산도립공원 내 선운사

워낙 유명해 산의 이름을 바꿨을 정도라고 해요.

옛날에는 선운사를 찾는 여행자들이 대부분 여관, 민박 등을 주로 이용했습니다. 이런 숙소들은 식사도 같이 제공하곤 했어요. 도시가 아닌 곳에는 식당이 적었으니까요. 선운사 주변의 여관이나 민박집들은 근처 인천강에서 잡은 신선한 풍천장어를 양념한 뒤 숯불에 노릇노릇 구워 투숙객의 식탁에 올렸습니다. 특히 장어가 잡히는 여름철에 더위를 이겨 내는 보양식으로 소문이 나면서 일부러 장어를 먹으러 찾아오는 미식가들도 생겼답니다. 그렇게 풍천장어는 선운사 여행의 별미로 널리 알려집니다. 이후 선운사 앞마을엔 풍천장어 전문 식당과 '선운산풍천장어거리'가 들어서죠.

풍천장어거리에는 수십 곳의 장어집에서 숯불에 장어를 굽는 고소한 냄새가 진동합니다. 선운산 구석구석에 숨겨진 멋진 경치를 둘러보느라 배가 꺼지고 나면 그 냄새에 이끌려 어느새 장어집 식탁 앞에 앉아 있을지도 몰라요.

오래틈에
켜켜이 쌓은
새로운 고향

✦

강원 속초
오징어순대

전쟁이 옮겨 온 북녘 문화

속초에 가면 전국에 하나밖에 없는 갯배를 탈 수 있습니다. 갯배는 배를 움직이는 모터나 돛이 따로 없어요. 노를 저어 나아가는 것도 아니고요. 선체에 쇠줄이 걸쳐져 있는데, 이 쇠줄을 물길 양쪽의 선착장과 연결해 케이블카처럼 오가는 방식이에요. 케이블카는 전기로 움직이지만 갯배는 사람이 쇠줄에 쇠갈고리를 걸어 직접 잡아당기는 힘으로 앞으로 나아가죠.

속초시 중앙동 갯배 선착장에서 갯배를 타고 5분 정도면 약 30m 거리의 물길을 건너 동쪽 선착장에 도착합니다. 건너편의 행정 구역은 속초시 청호동인데, 이 동네는 청호동보다 '아바이마을'이란 또 다른 이름으로 더 잘 알려져 있어요. 사실 1966년 청호동이라는 동네 이름이 생기기 전에는 그냥 아바이마을로 불렸답니다. 이 마을에서 탄생한 명물이 지금부터 소개할 오징어순대입니다.

모래벌판 위에 생긴
마을

오징어순대 이야기를 하려면 우선 청호동의 독특한 지형부터 알아야 하는데요. 청호동은 청초호와 동해 사이에 자리하고 있어요. 서쪽은 호수고 동쪽은 바다인 것이죠. 청호동이 이렇게 생긴 이유는 사주砂洲이기 때문입니다. '모래 물가'라는 뜻인데, 말 그대로 모래톱 위에 생긴 마을이에요.

바다가 육지 속으로 파고들어 와 있는 곳을 만灣이라고 부릅니다. 넓은 바다에서 만으로 바닷물이 밀려들죠. 사주는 바다의 연안류(해안선과 나란히 흐르는 바닷물의 흐름)에 휩쓸려 온 모래가 쌓인 퇴적 지형이에요. 모래가 둑처럼 쌓여 만들어진 사주가 서서히 만의 입구를 막으면, 만은 사주를 사이에 두고 바다와 떨어져 호수로 변합니다. 옛날에는 바다였던 이런 호수를 석호潟湖라고 합니다. 속초의 청초호와 영랑호, 강릉의 경포호 등이 대표적인 석호입니다.

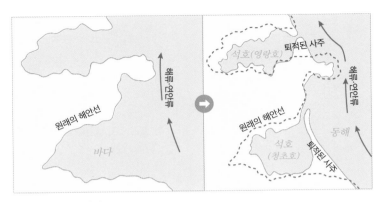

사주와 석호의 형성

    속초의 중심지인 중앙동과 사주 위에 있는 청호동 사이에는 널따란 청초호, 그리고 호수의 북동쪽 끝자락에서 동해로 나가는 좁은 물길이 가로막고 있었는데요. 지형의 특성상 청호동에서 중앙동에 가려면 육지와 연결된 남쪽까지 내려가 청초호를 빙 둘러 5km가량 걸어가야 했어요. 배를 타고 건너기에는 또 번거로운 거리였죠. 그러다 보니 두 지역 사이의 좁은 물길을 빨리 왕복할 수 있도록 설치한 게 갯배입니다. 지리적 조건으로 탄생한 실용적이고 특이한 교통수단이라 할 수 있습니다.

    그런데 모래밭은 사람이 살기에 좋은 환경이 아니에요. 땅이 단단하지 않아 집을 짓기에 적합하지 않으니 조선 시대까지만 해

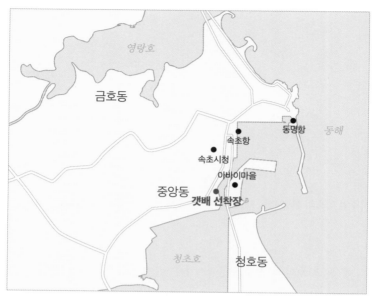

갯배 타는 곳

갯배는 과거 청호동 주민들의 교통수단이었지만 중앙동과 연결된 금강대교가
놓인 뒤로 관광객들이 주로 이용하고 있다. 2012년에는 배가 드나들기
편하도록 호수와 바다 사이에 새로 물길을 뚫었는데, 그러면서 청호동의 북쪽
일대는 남쪽과 떨어져 섬이 되었다. 그 이전까지만 해도 청호동은 남쪽으로만
육지와 연결된, 좁고 길쭉한 반도 모양의 동네였다.

도 청호동은 사람이 살지 않는, 버려진 땅이었어요. 변화가 생긴

건 일제 강점기입니다. 작은 어촌이었던 속초포가 항구로 개발되

고 이곳에 정어리기름 공장이 세워진 것이죠. 그래도 여기로 옮

겨 가서 사는 주민은 거의 없었다는데요. 텅 비어 있던 이 모래톱에 갑자기 집이 빼곡하게 들어서더니 마을 하나가 뚝딱 생깁니다. 한국 전쟁 때문입니다.

속초에 모여든 아바이들

1950년 6월 25일, 북한군의 기습 남침으로 한국 전쟁이 터집니다. 전쟁에 대비하지 못한 한국군은 낙동강 일대까지 밀렸다가 그해 9월 유엔군의 인천상륙작전을 계기로 잠시 압록강과 두만강 유역까지 치고 올라갑니다. 하지만 한 달여 뒤 30만 명에 이르는 중공군과 북한군의 남하로 후퇴를 거듭합니다. 이때 북녘의 수많은 주민이 공산 치하를 피해 남쪽으로 피난을 오게 되죠. 피난민 대부분은 1950년 12월 흥남철수작전이 벌어질 때 함경남도 흥남항에서 배를 타고 내려온 함경도 출신이었습니다.

한편 속초는 전쟁 중 한국군과 북한군이 번갈아 차지하다 결국 남한이 되찾은 채 휴전이 성립됩니다. 그즈음 이북의 피난민 중 상당수가 속초에 모이게 되는데요. 속초항이 남한에서 큰 배를 타고 함경도로 돌아갈 수 있는 가장 가까운 항구였기 때문입니다. 당시 속초 인구의 70%가량이 피난민이었다고 해요. 그 수가 원주민보다 훨씬 많았죠.

속초의 이방인인 그들은 사람이 거의 없던 청호동의 빈 땅에 모여 살기 시작합니다. 곧 고향에 갈 수 있으리라는 생각으로 항구 근처에 머문 것입니다. 살 만한 곳에는 이미 원주민들이 터를 잡고 있기도 했고요. 임시로 지내는 난민 캠프 같은 곳이니 모래밭 위에 움막집과 판잣집을 다닥다닥 짓고 고된 생활을 이어 갔어요. 가족을 함경도에 두고 내려온 남자 피난민들이 유독 많았는데요. 함경도 사투리로 나이 지긋한 남성을 뜻하는 '아바이'가 모여 산다고 해서 이곳을 '아바이마을'이라고 부르게 됩니다.

하지만 통일은 점점 멀어졌습니다. 아바이들은 끝내 고향과 가족을 잃고 실향민이 되었는데, 많은 이들이 아바이마을을 떠나지 않았어요. 번듯한 집을 마련할 돈도 없고 농사를 짓기도 어려운 땅이니 배를 타고 바다에 나가 고기잡이를 하며 정착하기로 한 거죠. 어부로 생활하려면 바다와 맞붙어 있는 아바이마을이 지내기 편했습니다. 같은 고향에서 온 사람들과 함께 살 수도 있고요. 실향민 중에는 함경도 해안가 출신의 실력 좋은 어부들이 많았기에 이들의 활약에 힘입어 속초의 어업은 크게 발전합니다.

함경도에서 온
순대 문화

낯선 고장에서 한동네에 살게 된 아바이들은 고향 음식을 만들어 나눠 먹으며 북녘의 가족과 고향에 대한 그리움을 달랬습니다. 그러면서 속초에 함경도의 음식 문화가 옮겨 심어지게 됩니다. 대표적인 게 순대입니다. 순대는 동물의 내장에 피, 채소, 당면 등 다양한 재료를 채워 넣어 삶거나 쪄 낸 전통 음식이죠. 요즘은 돼지 순대를 일반적으로 많이 먹는데 만드는 재료나 맛은 지역마다 조금씩 다릅니다.

조선의 영토로 편입되기 전까지 함경도에는 여진족이 많이 살았어요. 함경도의 전통 순대는 여진족 식문화의 영향을 받은 먹거리로 알려져 있죠. 돼지의 창자 중에서도 대창을 주로 씁니다. 대창을 깨끗이 씻은 뒤 찹쌀, 무청(무의 잎과 줄기), 파, 마늘, 생강 등을 소금으로 양념해 그 안에 채워 넣고 끓는 물에 삶아 만들죠. 이런 함경도식 순대를 가리켜 '아바이순대'라고 부릅니다. 그 시절엔 돼지가 귀했고 대창은 더더욱 귀했으니, 아바이순대는 오늘날 분식집 순대처럼 아무 때나 흔하게 접하는 음식이 아니었어

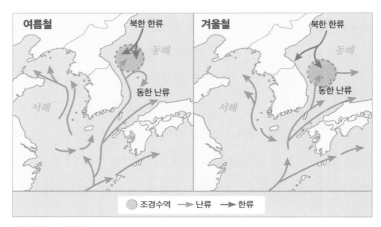

계절별 조경수역

요. 부잣집이 아니고서야 서민들은 잔칫날에나 맛보는 별미였습니다. 그래서 함경도 해안가에선 겨울철에 돼지 대신 명태로 만든 명태순대를 많이 만들어 먹었습니다. 날씨가 추워지면 함경도 앞 동해의 원산만에서 명태가 넘칠 정도로 잡혔거든요.

원산만은 적도 부근의 바다에서 북쪽으로 흐르는 따뜻한 동한 난류, 그리고 시베리아와 접하고 있는 오호츠크해 부근 해류에서 갈라져 나와 남쪽으로 흐르는 차가운 북한 한류가 만나서 조경수역이 형성된 바다인데요. 조경수역의 바닷물은 난류와 한류의 온도 차이 때문에 활발하게 순환합니다. 이 움직임으로 바다 생물

명태

도루묵

멸치

고등어

갈치

방어

참다랑어

오징어

변화하는 한반도 어장(2021)

동해안에 가득하던 명태는 지나친 남획으로 그 수가 급격히 줄어들었다.
어장을 되살리기 위해 명태 치어를 많이 방류했지만 역부족이었다. 아울러
해수면 온도가 1980년대 후반부터 상승하기 시작하고, 여기에 강해진 동한
난류가 북상하면서 명태는 더 먼바다로 떠나버렸다.

의 먹이인 영양 염류(바닷물 속의 규소, 인, 질소 등)와 플랑크톤이 풍부해져요. 덕분에 명태처럼 차가운 물을 좋아하는 한류성 어종과 따뜻한 물을 좋아하는 난류성 어종이 고루 잡히는 어장이 만들어집니다.

그런데 원산 앞바다의 조경수역은 수온에 따라 여름에는 북쪽으로, 겨울에는 남쪽으로 이동하는 성질이 있습니다. 이에 명태도 한겨울엔 강원도 앞바다까지 내려왔어요. 지금은 지구 온난화 탓에 더 북쪽으로 올라가버렸지만요.

돼지나 명태가 없으면
오징어로

동해의 조경수역에서 여름철에 많이 잡힌 난류성 어종으로는 오징어를 꼽을 수 있어요. 동해에서 명태가 사라진 뒤 오징어 역시 2000년대 이후 빠르게 감소했는데요. 북한이 경제적 이유로 동해 어장의 어업권을 중국에 팔아넘기면서 중국 어선들이 싹쓸이를 하고 있기 때문이죠. 하지만 그 이전까지는 오징어가 흔했습니다. 특히 속초는 풍랑이 와도 청초호 안에 어선을 안전하게 정박할 수 있어 어업이 발달했고 오징어잡이 배가 무척 많았죠. 오징어가 속초를 먹여 살린다는 말이 나올 정도였습니다.

아바이마을의 실향민들은 이런 환경에 잘 적응했습니다. 고향에서 갈고닦은 명태잡이 실력을 발휘해 오징어잡이로 돈을 번 것입니다. 또한 함경도에서 먹던 아바이순대나 명태순대를 떠올리며 오징어순대를 만들어 냈어요. 그땐 너무 흔해서 값이 싼 오징어의 몸통을 비워 찹쌀이며 두부며 다진 채소 같은 이런저런 재료와 양념을 채워 넣고 순대 흉내를 낸 것인데, 이게 맛이 꽤 괜찮았습니다.

원래는 아바이순대처럼 쪄서 만들다 나중에는 노란 달걀 물을 묻혀 전처럼 기름에 부치는 방식으로 바뀌었어요. 아바이순대의 돼지 대창과 달리 오징어는 쫀쫀하지 않아서 순대 속을 채운 재료를 꽉 잡아 주지 못하고 흩어 놓았기 때문입니다. 먹기 불편하고 모양새가 영 별로라서 전의 형태로 개량한 것이죠. 말하자면 오징어순대는 함경도에서 내려온 실향민의 문화와 지혜, 속초의 바다가 빚어낸 결과물인 셈입니다.

냇물도 사람도 아우르는 장터의 힘

충남 천안
병천순대

시장의 형성과 도시 성장

제50회 한국사능력검정시험 심화 편의 41번 문항은 천안 아우내장터에 관한 것이었습니다. 유관순 열사 사적지, 독립 기념관, 망향의 동산 등 일제에 저항하거나 희생당한 역사를 기억하는 명소들이 충청남도 천안시에 있고, 천안의 아우내장터에서 독립 만세 운동이 있었다는 사실을 알면 바로 맞힐 수 있었죠. '장터'에서 짐작했을 텐데, 아우내장터는 천안 병천면 병천리의 유서 깊은 시장인 아우내장이 선 곳입니다. 1919년 4월 1일 유관순 열사가 이끈 독립 만세 운동이 이 시장에서 일어났어요.

서울의 이화학당 학생이던 유 열사는 그해 종로에서 시작된 3·1운동에 참여합니다. 일제는 독립운동이 학생들 사이에서 번지는 것을 막으려고 강제로 교문을 닫아버렸어요. 유관순 열사는 이에 굴하지 않고 고향인 천안으로 돌아와 3·1운동의 뜻을 이어

가기로 계획합니다. 아우내장이 열린 4월 1일, 유 열사는 시장을 찾은 사람들에게 태극기를 나눠 준 뒤 3000여 명과 함께 "대한 독립 만세!"를 외치며 '아우내 독립 만세 운동'을 벌였죠. 비폭력 집회인데도 일제 헌병들은 시위대를 향해 총을 쏘고 칼을 휘두르며 야만적으로 진압했습니다. 결국 유 열사의 아버지를 비롯해 19명이 사망하고 30여 명이 다치는 참극이 일어났어요. 유관순 열사도 이때 붙잡혀 모진 고문에 시달리다가 형무소 안에서 겨우 18세의 나이로 세상을 뜹니다.

이런 역사를 품고 있기에 천안에는 독립운동을 기리는 장소가 참 많은데요. 아우내장터에도 도지정기념물 58호로 지정된 '아우내 3·1운동 독립 사적지'와 '아우내 독립 만세 운동 기념공원'이 있죠. 그런데 3·1운동과 함께 아우내장터를 대표하는 것이 또 하나 있습니다. 바로 순대입니다. 시장을 가로지르는 도로와 거리가 '아우내순대길'과 '병천순대거리'로 불릴 정도로 유명해요. 그래서 이번에 이야기할 음식은 아우내장터가 탄생시킨 천안의 별미 병천순대입니다.

두 냇물을
아우르는 곳

병천순대는 '병천시장의 순대'라는 뜻으로 지어진 이름입니다. 기껏 아우내장터에 관한 설명을 늘어놓더니 병천시장은 헷갈리게 또 뭔가 싶을 텐데, '아우내'와 '병천'은 발음만 다를 뿐 같은 말이에요. 아우내는 순우리말이고, 병천은 아우내의 한자식 표현이거든요.

아우내는 '내를 아우른다(합친다)'란 의미입니다. 여기서 '내'는 강보다 작은 물줄기를 가리키는, '개울'과 비슷한 뜻의 단어죠. 요즘은 '내'만 따로 떼어 쓰는 경우가 드물어 다소 낯설게 보일 수도 있는데, 냇물(내+물), 냇가(내+가) 같은 말은 친숙하죠. 지도에서 아우내장터가 있는 병천면 일대의 지형을 살펴보면 크고 작은 냇물이 남쪽으로 흘러 합쳐집니다. 이렇게 여러 개울이 모여 흐르는, 내를 아우르는 곳이라서 아우내라고 불렀고, 거기서 병천이라는 한자식 지명이 나왔다는데요. 병천의 한자를 풀이해 보면 '나란히 병竝'과 '내 천川'입니다. 한자 '竝'에는 '나란히' 말고 '아우르다' '떼지어 모이다'라는 뜻도 있어요. 그래서 아우내와 병천

산방천, 광기천, 병천천 등 여러 냇물이 합쳐지는 병천면 일대

은 결국 같은 의미를 담은 지명이고, 아우내장터나 병천시장이나
어차피 하나의 시장을 가리킵니다.

　여러 냇물이 아우러지는 병천면 일대는 물이 흔한 곳이라서
오래전부터 사람이 모여 살았습니다. 지금처럼 수도가 발달하지
않았던 옛날에는 냇물과 가까울수록 식수를 구하기 쉽고 농사짓
기도 편했으니까요. 병천면 가전리에 남아 있는 청동기 시대 고
인돌의 위치가 원시인들이 강을 따라 생활해 온 흔적을 잘 보여

주죠. 특히 아우내장터가 자리한 병천리는 북쪽으로 은석산과 작성산이 솟아 있고 남쪽엔 산방천이 흐르고 있어, 풍수지리설에서 가장 이상적으로 여긴다는 '배산임수(북쪽 방향의 뒤로 산을 등지고 남쪽 방향의 앞으로 물을 내려다보는 터)'의 형태입니다. 실제로 18세기 중반에 아우내장이 생긴 배경에는 풍수지리의 영향이 컸다고 해요.

운명적인
시장 입지

조선 영조 시대의 암행어사로 유명한 박문수가 1756년 사망하자, 그의 묘가 은석산 정상에 마련됩니다. 풍수가들은 그의 묫자리가 '장군대좌형(장군이 군사들을 거느리고 위풍당당하게 앉아 있는 모양)'의 명당이라며 그 기운을 북돋우기 위해 아우내장터 설치를 제안했다는데요. 이처럼 풍수지리 사상에서 땅의 기운이 모자란 부분을 보완하는 조치를 '비보풍수'라고 합니다. 명당의 기운을 더욱 살려 후세 사람들이 복을 받을 수 있도록 동남쪽으로 드넓게 열린 들녘에 사람들이 많이 다니는 시장을 만들자고 했다는 것이죠. 장사를 하러, 혹은 물건을 사러 모인 사람들의 모습이 꼭 분주하게 오가는 군사들을 연상케 한다고 해서요. 물론 이건 기록된 역사는 아니고 어디까지나 전해져 내려오는 이야기입니다.

꼭 풍수지리 때문이 아니라도 천안은 교통의 요충지라서 상업이 발달하고 시장이 생기기 좋은 조건을 갖췄습니다. 조선 시대에 주요 도로였던 삼남대로(한양과 충청, 전라, 경상의 삼남 지방을 잇는 도로)의 길목에 위치한 덕분입니다. 한양에서 남쪽으로 내려가는 길은 천안을 기점으로 영·호남 방향이 갈라졌는데, 이 지점이 바로 천안 삼거리였습니다.

지금도 영남 방향의 경부고속도로와 호남 방향의 논산천안고속도로는 천안 분기점에서 갈라집니다. 이런 입지 덕택에 아우내장은 일찍부터 다양한 지역의 사람과 문물이 모이는 시장으로 발전할 수 있었습니다.

펄펄 끓는
역사를 따라서

병천순대가 아우내장의 장터 음식으로 자리 잡은 건 1960년대로 알려져 있어요. 그때 병천면에 햄 공장이 세워졌는데, 이 공장에서 살코기로 햄을 만든 뒤 남아도는 돼지 내장을 아우내장 정육점이나 식당 주인들에게 싼값에 넘겨 장터에서 순대를 많이 만들어 팔게 되었다는 것입니다.

아우내장 상인들의 배를 든든하게 채워 주던 순대국밥이 지역 명물로 인기를 모은 건 1990년대 초반부터입니다. 앞서 이야기한 것처럼 천안은 일제 강점기에 나라를 되찾기 위해 희생한 순국선열이 많은 고장인데요. 1987년 독립 기념관이 문을 열자 각지의 많은 사람들이 관람하러 천안을 찾아옵니다. 관광객들은 유관순 열사 사적지, 아우내 3·1운동 독립 사적지 등 역사적 현장들을 둘러본 뒤 아우내장터의 병천순대를 맛봤고, 이 동선이 관광 코스처럼 굳어졌습니다. 아울러 그 무렵 아우내장 주변에는 중소기업과 연수원 시설도 속속 들어섰어요. 관광객과 회사원의 식사 수요에 맞춰 시장의 순대 전문점이 20여 곳으로 늘면서 병천순대거리가 만들어집니다. 원래 농축산물이 주로 거래되던 아우내장의 모습은 완전히 달라졌습니다. 병천순대는 프랜차이즈 브랜드까지 생겼고, 전국 곳곳에 '병천순대' 간판을 내건 음식점이 늘어나며 대중에게 친숙해졌습니다.

유명세에 따른 부작용도 만만치 않긴 합니다. 진짜 병천순대

아우내장터 근처 둘레길과 항일 투쟁 명소들

는 순대에 많이 쓰는 돼지 대창이나 막창 대신 소창으로 만들어 덜 질기고 크기가 작아서 먹기 편한 게 큰 장점입니다. 돼지 피와 찹쌀에 배추, 양파, 부추 등 채소를 듬뿍 넣어 분식집의 당면 순대보다 훨씬 건강하면서 고급스러운 맛을 자아내고요. 하지만 각지에 퍼진 병천순대 식당에는 이름만 멋대로 가져다 쓴 '짝퉁 병천순대'가 넘쳐 나게 되었어요.

그래서 진짜 병천순대의 맛을 체험하려면 꼭 아우내장터에 찾아가 볼 것을 추천합니다. 교과서로 배운 유관순 열사의 자취와 천안의 항일 투쟁 명소들을 직접 둘러보는 여행만으로도 뜻깊은 시간이 되겠지만, 독립 만세 운동의 생생한 현장인 아우내장터의 맛있는 병천순대가 그 여행을 더욱 기억에 남도록 만들어 줄 테니까요.

항구와 섬이 만든 별미

자연지리 여행 II

따뜻한 바람에 고운 물길 보석

경남 통영 충무김밥

날씨에 딱 맞는 한 끼

한반도 서해안과 남해안의 해안선은 반듯하게 단조로운 동해안과 달리 들쑥날쑥 무척 복잡합니다. 크고 작은 섬과 반도, 만과 곶이 아주 많아요. 이렇게 생긴 바닷가를 리아스식 해안이라고 부릅니다. '리아스'는 스페인어 'ría 리아'에서 비롯된 말로, 강물이 흘러내려 가다가 바다 쪽으로 나가는 부분인 강어귀를 뜻합니다. 스페인 북서부 갈리시아 지방의 서쪽 바닷가에 해안선이 복잡하게 생긴 강어귀가 많은 데에서 리아스식 해안이라는 단어가 나왔습니다. 이런 형태의 해안은 하천의 침식 작용으로 생긴 산과 골짜기 등이 지각 운동이나 기후 변화로 바다에 잠기면서 나타나죠.

그렇다면 한국의 행정 구역 중에서 섬이 가장 많은 곳은 어디일까요? 답은 1000개가 넘는 섬으로 구성된 한반도 서남쪽의 전

한려해상국립공원

라남도 신안군입니다. 그다음으로 섬이 많은 지역은 경상남도 통영시입니다. 남해와 접한 통영에는 570개의 섬이 있습니다. 섬이 많은 해안 도시이다 보니, 통영 사람들은 바다와 떼려야 뗄 수 없는 삶을 살아왔습니다. 멸치, 굴, 멍게 등 다양한 수산물이 많이 나서 예로부터 수산업이 발달했고 근대 이후에는 푸른 남해 바다와 가지각색의 섬으로 가득한 '한려해상국립공원' 덕분에 관광업이 지역 주민들의 새로운 소득원이 되었습니다.

그런 특징을 배경으로 탄생한 통영의 대표적 먹거리가 충무김 밥입니다. 이 김밥은 흔히 알고 있는 김밥과는 맛과 모양새가 많이 다르죠.

잘 상하지 않는 해물 김밥은 없을까

김밥이라고 하면, 밥과 다양한 재료를 김 위에 얹어서 동그랗게 말아 놓은 뒤 한입 크기로 썬 음식을 연상하게 마련인데요. 충무 김밥은 손가락 크기로 앙증맞게 만든 꼬마 김밥에 고춧가루로 양념한 오징어와 어묵무침, 섞박지를 반찬처럼 곁들여 먹습니다. 이런 독특한 김밥이 어떻게 생겨났는지에 대해선 서로 조금씩 다른 이야기들이 전해집니다. 1940년대에 어느 어부의 아내가 개발했다는 주장이 그중 하나입니다.

당시 한반도는 일제가 벌인 전쟁에 휘말리고, 일제로부터 독립한 뒤 다시 미국과 소련의 군정(군대가 나라를 임시로 다스리는 것)을 받고, 그로 인해 일어난 자본주의와 사회주의 세력의 치열한 이념 갈등으로 국토가 둘로 갈라지는 혼란을 겪었어요. 사회가 어수선하니 경제적으로도 너무 어려워져서 많은 사람이 배고픔에 시달렸습니다. 고기잡이에 의존해 살아가는 통영의 바닷가 마을도 마찬가지였죠. 어부들은 바다에 나가 온종일, 혹은 며칠 동안 머물며 해산물을 충분히 잡아들인 뒤에야 항구로 돌아왔는데, 그동안 배 위에서 먹을 것이 부족할 때가 많았어요. 그런 남편을 안타까워한 아내가 꼴뚜기, 주꾸미 등으로 만든 매콤한 해물무침과 무김치를 넣고 싼 김밥 도시락을 바다에 나가는 남편 손에 쥐여 줬다고 합니다. 어촌이라서 해산물은 비교적 쉽게 구할 수 있었으니까요.

하지만 남편은 아내가 애써 챙겨 준 김밥을 먹지 못하고 그냥 버릴 때가 많았어요. 자주 상했거든요. 통영 앞바다는 쿠로시오 해류에서 갈라져 나온 동한 난류가 지나가는데, 이 해류는 따뜻한 성질의 바닷물이라서 근처 육지의 기온까지 높입니다. 이 때문에 통영의 날씨는 온난한 해양성 기후를 보이는데요. 한겨울인 1월의 평균 기온조차 섭씨 3.5℃로 따뜻한 편이고 연평균 기온도 섭씨 15℃ 정도로 높습니다.

이처럼 날씨가 따뜻한데 해안 지역이라 습도까지 높으니 김밥이 금세 쉬어버린 것입니다. 가뜩이나 물기가 많은 해물무침이 밥과 맞닿아 있어 상하는 속도가 더욱 빨라졌죠. 이 말을 들은 아

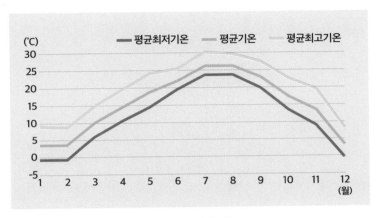

(℃)
30
25
20
15
10
5
0
-5

1 2 3 4 5 6 7 8 9 10 11 12
(월)

통영의 월별 기온(2022) ⓒ기상청 기상자료개방포털

내는 고민을 하다가 김밥에 아무런 간도 하지 않고 김밥에 넣던 해물무침을 반찬처럼 따로 줍니다. 습기가 덜 나와서인지, 다행히 이 도시락은 잘 상하지 않았어요. 그러자 다른 어부들도 따라 하면서 충무김밥이 탄생했다는 이야기입니다.

어부의 아내 이야기와 다른 주장도, 해물무침 김밥이 잘 쉬지 않도록 김밥과 속 재료를 따로 포장한 데서 비롯했다는 점에선 비슷해요. 그러니까 충무김밥은 통영의 따뜻하고 습한 해양성 기후와 해산물이 풍부한 환경이 자아낸 향토 음식인 것이죠. 그런데 좀 어색한 점이 하나 있죠? 왜 통영김밥이 아니라 충무김밥일까요?

삼도수군통제영과
충무공의 도시

"신에게는 아직 12척의 배가 있습니다."

이 유명한 명언의 주인공 이순신 장군이 충무라는 이름의 기원입니다. 1592년 임진왜란이 터지자, 당파 싸움에만 몰두하던 조선은 국토의 대부분을 왜군에게 점령당하고 멸망할 위기에 처합니다. 이때 이순신 장군이 통영 인근 바다에서 수군(해군)을 이끌고 왜군을 잇달아 물리쳐 나라를 구해 내죠. 특히 1592년 7월 8일, 한산도 앞바다에서 벌어진 전쟁에서 조선 수군은 왜군의 배 47척을 격파하고 12척을 빼앗으며 큰 승리를 거둡니다. 패전을 거듭하던 육지의 조선군은 한산도 대첩을 전해 듣고 사기가 올라 왜군에게 거세게 맞섭니다. 덕분에 왜군 쪽에 기울어 가던 임진왜란의 전세가 서서히 뒤집혔습니다.

조선 왕실은 왜군을 막아 내려면 수군의 힘을 강화할 필요가 있다고 뒤늦게 깨달았습니다. 그래서 1593년, 한산도에 충청도, 전라도, 경상도 등 3도의 수군을 관리하는 기관인 '삼도수군통제영'을 새로 마련하고 왜군을 벌벌 떨게 만든 이순신 장군에게 첫

통제사(통제영의 사령관)를 맡겼어요. 왜군이 바닷길로 남해, 서해, 한강을 지나 한양까지 가려면 반드시 통영 앞바다를 거쳐야 하니 가장 중요한 길목에 통제영을 설치한 것이죠.

통제영은 '본부'를 뜻합니다. 쉽게 말해 3도의 수군을 모두 지휘하는 본부가 삼도수군통제영이었습니다. 이 기관은 전쟁 중에 몇 차례 위치가 바뀌다가 1605년 거제현 두룡포(지금의 통영시 문화동)에 완전히 자리를 잡습니다. 그런데 삼도수군통제영이란 기관 이름이 너무 길어 발음하기 어려우니 '통제영'으로 부르다가 다시 '통영'이라고 더 짧게 줄였어요. 통영시의 지명이 여기서 유래합니다.

세월이 흘러 한국 전쟁 때 이북에서 내려온 피난민들이 통영읍에 정착하면서 작은 어촌의 인구는 약 7만 명에 달할 정도로 크게 늘었어요. 이에 정부와 국회에선 이 지역의 행정 구역을 읍에서 시로 바꾸자는 목소리가 높아집니다. 새 도시의 이름은 한산도 대첩을 이끌어 나라를 지키고 삼도수군통제영을 처음 지휘한 이순신 장군의 정신을 기려 충무시로 정하자는 의견이 나왔습니다. 설명을 덧붙이자면, 고려와 조선은 나라에 무공(전쟁에서 이뤄 낸 훌륭한 업적)을 세운 영웅들이 세상을 떠나면 '충무공'이란 시호(업적을 칭송하기 위해 붙인 이름)를 내렸어요. 총 열두 명(고려 세

명, 조선 아홉 명)이 충무공에 봉해졌는데, 그중 한 사람이 이순신 장군입니다. 바로 그 충무공에서 이름을 따온 충무시가 1955년에 탄생한 거죠.

그러다 40년 후인 1995년, 충무시는 다시 주변의 통영군과 통합되면서 옛 이름으로 바뀌어 통영시가 되었습니다. 그러니까 충무김밥은 통영이 충무시였던 시절에 얻은 이름입니다.

유람선 위에서 맛보는 '뱃머리 김밥'

충무항(지금의 통영항)의 어민들이 먹던 이 김밥이 처음부터 충무김밥으로 불린 것은 아닙니다. 1973년 11월 15일 자 〈조선일보〉 기사에는 '뱃머리 김밥'이라고 소개되기도 했죠.

여객선을 타고 충무항을 드나드는 선객(배에 탄 손님)들이면 모르는 사람이 없다. 그만큼 이 김밥은 선객들에게 인기다. 김밥이라야 쌀밥을 김에 말아 손가락만큼씩 토막토막 자른 것이지만 이 뱃머리 김밥이 유명해진 것은 김밥보다 꼬치에 낀 반찬 때문이다. 대(대나무)를 가늘게

통영 앞바다에 펼쳐진 한려수도

쪼개 다듬은 10cm 정도의 꼬치에 고춧가루를 듬뿍 무친 무김치, 오징어 새끼, 문어 새끼, 홍합 등 다섯 가지를 끼웠다. 이는 다른 곳에선 찾아볼 수 없는 것.

통영 인근의 남해 바다는 '한려수도(통영 한산도에서 전남 여수에 이르는 바닷길)'의 일부입니다. 한려수도는 '우아하고 고운 물길'

강구안에 정박된 거북선

이란 뜻이죠. 그 이름처럼 리아스식 해안인 이곳은 수많은 섬과 바다가 어우러진 훌륭한 경치를 보여 줍니다. 1968년에 한려해상국립공원으로 지정되면서 당시 충무항에는 유람선을 타러 오는 관광객이 크게 늘었어요. 항구 주변에는 관광객들이 배 위에서 간편하게 먹을 수 있는 김밥을 파는 노점상들이 덩달아 생겼죠. 기후 때문에 상하지 않게 김에 만 밥과 해물 반찬을 따로 먹도록 해서 팔았는데, 이게 관광객들 사이에선 별미라고 소문이 납니다. 그때만 해도 딱히 이름이 없어서 유람선 뱃머리에서 먹는 김밥이라며 '뱃머리 김밥'으로 불린 듯해요. 이 김밥은 1981년 전두환 신군부가 5·18 광주민주화운동 1주기로부터 대중의 관심을 돌리기 위해 개최한 민속 축제 '국풍81'을 통해 전국에 알려집니다. 향토 음식 장터에서 주목받으며 충무김밥이라는 이름을 얻게 되죠.

충무김밥은 통영항(옛 충무항) 일대의 풍경을 바꿔 놓았습니다. 조선 시대에 군항이었던 강구안 바닷가에는 충무공이 왜군을 무찌를 때 탔던 거북선과 판옥선의 모형이 떠 있어 많은 사람들이 찾아가고 있는데요. 근처의 바닷가 도로에는 충무김밥거리가 조성되었어요. 맛집 거리에서 원조 충무김밥을 먹어 봐도 좋겠지만, 유람선을 타고 바다에 나가 한려수도의 아름다운 풍경을 만끽하며 먹는 충무김밥 맛은 더욱 특별할 것 같습니다. 풍경도 풍경이지만, 바로 그 바다에서 나라를 구한 충무공 이순신 장군의 시호를 이름에 품은 김밥이니까요.

남해가
지켜 준
까망돗

◆

제주
흑돼지

수탈과 산업화를 넘어

바다를 사이에 두고 육지와 분리된 건 모든 섬의 지형적 공통점인데요. 한국 최대의 섬 제주도는 남해 바다 멀리 뚝 떨어져 있어 교통이 발달하지 않았던 옛날엔 사람들이 오가기 무척 불편했습니다. 그래서 고유의 언어와 문화를 더 잘 유지할 수 있었죠. '촘앙 삽서(참으면서 사세요)' '무싱 거옌 고릅디가?(뭐라고 하던가요?)' 같은 제주도 사투리는 육지 사람들에겐 외국어처럼 들릴 정도입니다. 음식도 마찬가지입니다. 다른 지방에서는 볼 수 없는 식재료가 다양한데, 그중 하나가 제주흑돼지입니다.

제주도의 돼지는 제주흑돼지로 불립니다. 몸빛이 검은색이어서 그렇습니다. 육지에서 사육하는 돼지가 연한 분홍빛이 대부분이라서 제주도의 검은 돼지는 색다른 생김새로 눈길을 사로잡죠. 제주 사람들은 '꺼멍돗'이나 '꺼멍도새기'라고 부르는데요. '꺼멍'

은 '검은', '돗'이나 '도새기'는 '돼지'를 뜻하는 제주 사투리입니다. 사실 제주뿐 아니라 한반도 전체의 토종 돼지가 흑돼지였어요. 조선 후기의 실학자 이익이 쓴《성호사설》에는 '대부분의 돼지가 다 검은빛을 띠며, 간혹 흰 점이 박힌 돼지가 있으나 그 수는 많지 않다'는 설명이 나옵니다. 흑돼지가 육지에서 사라지면서 제주도에만 남게 된 것이죠.

현무암과 충격적인(?) 생태 순환

꺼멍도새기는 요즘 제주흑돼지란 이름으로 널리 알려져 있지만 40~50년 전만 해도 '제주똥돼지'로 불렸습니다. 똥을 먹고 자라는 돼지라는 뜻입니다. 옛날 제주도의 가정집에선 재래식 화장실에 돌담으로 두른 돼지우리를 마련했어요. 사람들이 변소에서 똥을 누면 돼지가 그것을 받아먹게 하는 방식으로 길렀습니다. 이런 독특한 화장실 시설을 제주에서는 '돗통'이나 '돗통시'라고 합니다. '통'이나 '통시'는 변소를 일컫는 사투리인데요. 제주도의 화장실은 그 이름처럼 '돼지를 키우는 변소'였던 셈이죠. 지금의

돗통의 흑돼지

시선으로 보면 지저분하게 느껴질 수 있는데, 다 나름의 이유가
있었어요.

제주도는 화산섬입니다. 바다 밑에서 화산이 폭발하며 튀어나
온 마그마와 화산재가 쌓여 만들어졌어요. 그래서 구멍이 숭숭 뚫
린 까만 현무암으로 쌓은 돌담을 어디서나 쉽게 볼 수 있습니다.
현무암에 구멍이 많은 이유는, 땅 밑에서 솟아오른 뜨거운 마그마
에서 가스 성분이 빠져나가며 구멍이 생긴 뒤 기온이 낮은 주변
공기와 맞닿아 빠르게 식어 굳어서 돌이 되었기 때문입니다.

제주 용머리해안

바다에서 화산이 폭발하며 분출된 크고 작은 바위 파편(화산쇄설물)이 겹겹이 쌓인 암벽이다. 오랜 세월 파도와 바람에 깎여 바다로 들어가는 용과 같은 형태가 되었다.

제주도의 화산 지형을 볼 수 있는 대표 명소들

구멍투성이 현무암 때문에 제주도에선 비가 내리면 땅속 깊은 곳으로 빗물이 곧장 흘러 나가버려요. 한국에서 가장 남쪽에 자리한 제주도는 온대 습윤 기후가 나타나는 지역으로 겨울에도 따뜻하고 비가 많이 내려서 벼농사를 짓기 좋은 날씨 조건을 갖추고 있는데요. 땅에 빗물이 머물지 못해 벼를 키우기 어려운 탓에 쌀이 거의 생산되지 않았고, 그로 인해 식량이 부족할 때가 잦았어요.

돼지는 엄청 잘 먹죠. 먹는 양만큼 몸도 크고요. 그런데 사람

먹을 것도 구하기 힘드니 돼지한테 나눠 줄 먹거리 역시 모자랐어요. 그래서 화장실에 우리를 만들어 보릿짚 등과 함께 사람의 똥을 먹여 키운 것입니다. 옛날 제주 사람들은 산나물 같은 신선한 채소 위주의 음식을 먹은 덕분에 똥에 섬유질과 유익균이 많았어요. 이런 성분들이 돼지를 무럭무럭 자라게 했습니다. 물론 돼지가 아무리 먹성이 좋다고 해도 모든 똥을 다 잘 먹지는 않았다고 해요. 해로운 세균이 포함된 똥은 본능적으로 피했답니다.

돗통을 이용한 돼지 사육 방식은 제주도 환경에 의외의 효과도 가져왔어요. 사람과 달리 돼지의 똥에는 유기질이 많이 들어 있어 밭의 퇴비로 활용되었는데요. 돗통의 사람 똥은 돼지가 바로 먹어 치우니 자연스럽게 화장실 청소가 되면서 구더기나 세균의 번식을 막았고, 돼지 똥은 농작물을 잘 자라게 하면서 생태 순환을 이뤄 낸 것이죠.

똥돼지와 돗통이 사라진 건 1970년대에 새마을 운동이 진행된 이후입니다. 그 무렵 제주도는 관광지로 인기를 모으기 시작했는데, 육지에서 건너온 관광객들이 민가에서 돗통을 보고 기겁하는 경우가 자주 있었다고 해요. 그러자 변소에서 돼지를 키우는 게 비위생적이라며 농가의 사육 환경을 현대식으로 바꾸는 캠페인이 대대적으로 벌어졌어요. 이후 제주똥돼지는 제주흑돼지로 이름마저 달라집니다.

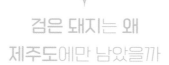

검은 돼지는 왜
제주도에만 남았을까

앞서 설명한 것처럼, 원래 한반도 육지의 토종 돼지도 대부분 제주흑돼지처럼 몸빛이 검은색이었어요. 한국 돼지의 생김새에 변화가 생긴 건 일제 강점기부터입니다. 일제는 조선의 토종 돼지가 새끼를 많이 낳지 않고 몸집이 작다며 품종 개량에 적극 나섰습니다. 그 속내에는 돼지를 수탈의 대상으로 삼기 위한 목적이 있었죠. 제2차 세계 대전을 일으킨 일제는 한반도의 돼지 사육 수를 크게 늘려 일본군에게 고기는 식량으로, 가죽은 군화 재료로 제공했습니다. 이에 따라 육지에 있던 토종 흑돼지는 서양에서 들여온 연분홍빛 외래종 돼지에 밀려 자취를 감추게 됩니다.

하지만 제주에서는 일제의 돼지 수탈이 육지만큼 심각하지 않았어요. 육지에서는 돼지고기나 가죽을 화물 열차에 실어 기찻길로 멀리 만주의 전쟁터까지 보냈는데, 제주도는 외딴섬이라 그럴 수 없었기 때문이죠. 덕분에 돗통의 검은 똥돼지가 계속 남아 있었던 겁니다. 그러다 1960년대에 제주도의 한 목장에서 외래종 돼지를 들여와 개량종을 만들고 농가에 분양하면서 상황이 달라집니다. 물론 당시에는 경제 상황이 워낙 어려워 새끼를 많이 낳는 외래종이나 개량종 돼지로 농가의 소득을 올리기 위해 시행한 조치였어요. 똥통으로 하는 돼지 사육을 더럽다고 꺼린 것도 토종 돼지가 사라진 이유였죠.

제주흑돼지를 바라보는 시선은 식량 부족 문제가 해결되자 바뀝니다. 한우나 흑돼지 같은 한국 고유의 가축 품종을 보호하는 데 관심을 가질 수 있게 된 것입니다. 제주흑돼지는 토종 돼지에 대한 실태 조사와 수집 활동이 활발하게 진행되면서 주목을 받았습니다. 다행히 제주도 축산진흥원이 1986년 우도 등에서 제주흑돼지 다섯 마리(암컷 네 마리, 수컷 한 마리)를 찾아냅니다. 우도의 경우 제주도 바다 건너의 작은 섬으로 그때까지도 개발이 거의 되지 않아 똥통과 같은 옛 문화를 간직하고 있었습니다.

이 다섯 마리는 번식으로 약 350여 마리까지 늘어났습니다. 연구를 통해 제주흑돼지의 유전자는 육지의 검은 토종 돼지와 차이가 난다는 점도 드러났어요. 생김새를 봐도 육지의 흑돼지는 귀가 크고 앞으로 뻗었는데, 제주흑돼지는 귀가 작고 위로 뻗었다고 합니다. 또한 몸집이 작고 털이 굵고 거칠며 입과 코가 멧돼지처럼 가늘고 길어서 야생의 특징이 많습니다. 오랜 세월 육지와 떨어진 제주도의 풍토에 잘 적응해 유전적으로 고유한 체질과 특성을 갖게 된 거죠.

천연기념물이 된
똥돼지

비록 똥을 먹여 키운 돼지였지만, 제주도 전통 사회에서 돼지고기는 귀한 대접을 받았습니다. 잔칫날이나 장례 같은 중요한 행사의 식사에 빠짐없이 올랐어요. 제주흑돼지 하면 삼겹살구이부터 떠올리기 쉬운데, 옛날 제주 사람들은 돗수애(돼지 순대), 돔베고기(돼지 수육) 등 다양한 요리를 만들어 먹었습니다.

요즘은 고기뿐 아니라 제주흑돼지 자체도 귀한 대접을 받고 있습니다. 2015년 제주흑돼지가 천연기념물 제550호로 지정되었거든요. 그래서 '제주흑돼지'라고 간판을 내건 서울 등 다른 지역의 삼겹살집은 물론, 제주도 현지 식당에서조차 '진짜 제주흑돼지'를 맛보기는 어려워요. 나라에서 보호하고 관리하는 천연기념물을 함부로 잡아먹을 수는 없으니까요.

오늘날 식용으로 시중에 유통되는 흑돼지는 제주도에서 사육하는 외래종인 검은색 버크셔 돼지, 혹은 재래종과 외래종을 번식시킨 검은 빛깔의 종이 대부분입니다. 진짜 제주흑돼지 고기도 먹을 수 있긴 합니다. 축산진흥원이 천연기념물로 보호하는 돼지들 말고, 초과 생산된 돼지들은 고기로 먹을 수 있도록 관리하거든요. 제주시 한경면의 '연리지가든'이란 곳에서 일주일에 딱 한 마리씩 도축해 제공하는 진짜 제주흑돼지 고기 요리를 먹을 수 있습니다. 당연히 가격은 무척 비싸죠. 똥돼지란 이름과 달리, 제주흑돼지는 예나 지금이나 귀한 별미입니다.

법성포의
비밀

전남 영광
법성포굴비

조기는 없지만
최고의 굴비가 있다

호남 지방에는 '칠산바다의 전설'이 있습니다. 내용이 조금씩 다르긴 하지만, 원래 전라남도 영광군 앞바다는 일곱 개의 산이 솟은 육지였다는 이야기입니다.

그곳에 있던 한 마을에는 마음씨 고운 서 씨 할아버지가 살았어요. 하루는 떠돌이 스님이 길을 지나다가 할아버지의 집에서 하룻밤 묵게 해 달라고 부탁합니다. 착한 할아버지는 흔쾌히 받아 줬는데, 다음 날 아침 스님이 떠나면서 "마을에 세워진 돌부처귀에서 피가 흐르는 날, 이곳은 바다로 변할 터이니 산 위로 도망가세요"라는 예언을 남겨요. 서 씨 할아버지는 마을 이웃들에게 이 사실을 알렸으나 다들 할아버지가 미쳤다며 비웃기만 했습니다. 그런데 정말 돌부처의 귀에서 피가 흘렀고, 서 씨 할아버지는 손자를 데리고 산으로 도망쳤어요. 바로 그날 밤, 바닷물이 갑

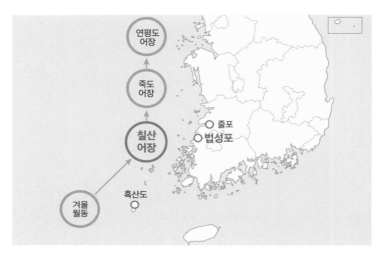

조기의 이동

자기 밀려와 마을이 잠기면서 주민들은 모두 빠져 죽었습니다. 산에 올라간 할아버지와 손자는 살아남았죠. 이후 일곱 곳의 높은 산만 바다 위에 남아서 일곱 개의 섬이 되었고, 그래서 이곳을 '칠산바다'라 부른다고 합니다.

칠산바다는 조기가 많이 잡히는 어장이었어요. 조기는 따뜻한 바다를 좋아하는 난류성 어종인데요. 제주도 남서쪽 바다에서 겨울을 보내고 봄이 되면 해류를 따라 북쪽으로 올라와 5~6월에 연평도 근처 서해 바다에서 알을 낳는 습성이 있습니다. 이 무렵에 잡히는 조기 암컷은 알이 꽉 차 있습니다. 알을 낳으려고 영양분을 몸에 가득 쌓아 둬서 살도 통통하게 올라 맛이 좋아요. 제주도에서 연평도로 올라가는 이 조기가 지나가는 곳이 칠산바다였습니다. 바닥에 펄이 쌓여 수심이 얕은 덕분에 조기를 잡기 쉬운 환경이었죠. 그래서 영광에선 다른 지역에 비해 굴비를 많이 생산할 수 있었어요. 굴비는 조기를 말린 것이니까요.

굴비는 법성포가 으뜸인 이유

인터넷에서 굴비를 검색하면 '영광굴비' '영광법성포굴비' '법성포굴비' 같은 결과가 끝도 없이 쏟아집니다. 법성포는 영광군에 자리한 항구 이름이니까 동일한 지역을 가리키는 셈인데, 그 외에 다른 지명이 붙은 굴비는 거의 찾을 수 없어요. 영광, 그리고 영광의 법성포는 어쩌다 굴비의 대명사 같은 고장이 되었을까요?

조기는 그냥 먹어도 맛있는 생선이지만 옛날에는 말려서 굴비로 만들어 먹는 경우가 훨씬 많았어요. 봄에만 한꺼번에 너무 많이 잡히다 보니, 냉장이나 냉동 시설이 없었던 시절에는 유통하고 보관하기가 곤란했기 때문이죠. 따뜻한 봄에 조기를 그대로 두면 곧 썩어버릴 테니 상하지 않도록 소금에 절이고 바람에 말려 굴비를 만들었습니다.

유중림이 쓴 농업책 《증보산림경제》(1766)에는 '굴비는 소금에 절여 통째로 말린 것이 배를 갈라 말린 것보다 맛이 낫다'는 내용이 있는데요. 보통 생선은 내장을 발라내야 말리는 과정에서 잘 상하지 않지만, 굴비는 알과 내장이 있는 채로 함께 말려야 제맛이 난다는 설명입니다. 영광굴비는 딱 이런 방식으로 만들어지니까 맛이 더욱 좋았어요.

사실 조기는 산란지인 연평도 부근의 바다 등 다른 곳에서도 많이 잡혔습니다. 하지만 굴비 하면 당연히 영광굴비, 혹은 영광법성포굴비를 으뜸으로 알아준 데에는 다 이유가 있어요. 영광군에는 동남쪽 산지에서 뿜어져 나와 북서쪽의 서해 바다로 나가는 강인 와탄천이 흐릅니다. 와탄천이 서해와 만나는 하구에는 육지로 둥글게 둘러싸인 작은 만이 형성되어 있는데요. 법성포는 이 작은 만의 깊숙한 안쪽에 자리해 거센 바람과 파도의 피해를 덜 받는 곳이었어요. 더구나 주변 바닷가는 조수 간만의 차(밀물과 썰물 때의 바닷물 높이 차이)가 너무 크고 갯벌 때문에 배를 대기 어려운데, 법성포

법성포와 와탄천

는 물이 가득해 달랐습니다. 그런 지형적 이점이 있어 일찍부터 어항(고기잡이배가 머무는 항구)으로 발달할 수 있었죠. 칠산바다에서 잡힌 조기도 법성포에 내려 굴비로 만들어졌습니다.

한편 바닷가에 염전이 많은 영광은 천일염(바닷물을 햇볕과 바람에 증발시켜 얻은 소금)의 주요 산지이기도 합니다. 하루 만에 수확한 여름 소금은 쓴맛을 내지 않는데, 영광굴비는 이 소금에 조기를 절여 상하지 않도록 처리하고 간을 입힙니다. 그런 뒤에 봄철이면 북서쪽에서 강하게 불어오는 바닷바람에 말리면서 짭짤한 맛을 덧입힙니다. 이 시기 법성포 일대의 습도, 일조량 등 날씨 조건이 조기를 맛있게 말리기에 좋기도 하고요.

영광의 또 다른 특산물에는 보리가 있는데요. 영광에서는 굴비가 다 마르면 보리를 담은 항아리 속에 넣어 숙성시킵니다. 보리의 향이 배서 비린내가 나지 않고 노릇노릇한 색깔을 띠게 되는 이 굴비를 보리굴비라고 부른답니다. 지리적 환경과 독특한 건조법의 영향으로 영광굴비는 다른 지역의 말린 조기보다 훨씬 맛있어질 수 있었던 것입니다.

임금님 수라상에 오른 생선

한국의 생선 이름은 주로 '어'와 '치', 그리고 '리'나 '이'로 끝나요. 한자로 '물고기 어魚'를 쓰는 '어'에 해당하는 것들로는 고등어, 연어, 민어, 장어 등이 있죠. '치'는 갈치, 삼치, 참치, 꽁치, 멸치, 쥐치 등이 있고요. '리'나 '이'의 경우에도 정어리, 양미리, 가오리, 다금바리, 전갱이 등 다양합니다. 그런 점에서 굴비는 상당히 색다른 생선 이름입니다.

굴비 이름의 유래는 고려의 신하였던 이자겸과 관련이 있어요. 이자겸은 17대 임금인 인종의 외할아버지입니다. 인종이 15세의 나이로 왕이 되자 어린 외손자를 대신해 왕 노릇을 하며 온갖 횡포를 저질렀어요. 심지어 인종을 죽이고 스스로 왕이 되려고도 했습니다. 결국 반란을 일으켰지만 실패했고 영광으로 유배됩니다. 귀양살이를 하던 그는 영광에서 말린 조기를 먹어 보고 그 맛에 푹 빠지게 되는데요. 외손자인 인종에게 선물로 보내며 그 이름을 '굽힐 굽屈'과 '아닐 비非'를 써서 '굴비'라고 알려 줬다고 해요. 비록 유배 생활을 하더라도 비굴하게 살지 않겠다는 뜻을 담았던 것입니다. 큰 잘못을 저지르고도 끝까지 옹졸하면서 못된 외할아버지이자 신하였던 셈이죠.

영광굴비의 흔적은 《세종실록지리지》에서도 찾을 수 있습니다. 151권 '전라도 나주목 영광군' 기록에 영광의 특산물로 석수어가 소개됩니다. 조기의 옛날 이름인 석수어는 한자로 '石首魚'라고 쓰는데, '돌대가리 물고기'란 뜻입니다. 조기 대가리에 돌 같은 딱딱한 뼈가 들어 있어서 그렇게 불렀다고 해요.

영광군 서쪽에서 조기를 사고파는 파시평(제철 생선을 바다 위에서 거래하는 시장)이 열린다는 내용도 나옵니다. 봄에서 여름으로 바뀌는 시기에 여러 지역에서 찾아온 어선들이 이곳에 모여 그물로 조기를 잡은 뒤 관청에 세금을 냈다고 합니다. 이때 세금으로 거둬들인 굴비는 한양으로 가 왕의 수라상 반찬으로 올랐습니다. 조선 초에도 영광 앞 칠산바다에선 조기가 많이 잡혔고, 임금이 먹을 만큼 맛이 좋았다는 사실을 알 수 있죠.

칠산바다에서
조기는 사라졌지만

암컷 조기와 수컷 조기는 산란기가 되면 부레를 이용해 개구리와 비슷한 소리를 내며 서로를 찾아 번식을 합니다. 그래서 조기 떼가 나타날 때면 칠산바다에는 요란한 울음소리가 울려 퍼졌습니다. 이 풍요로운 어장에 감사하기 위해 영광 사람들은 조기 철이 끝나는 음력 5월 5월이면 단오제를 지냈어요. 중요한 의식 중 하나가 배 위에서 굿을 하며 안전한 고기잡이를 기원하는 용왕제였습니다.

하지만 1970년대 이후 조기 울음소리는 점점 작아지더니 뚝 끊기고야 맙니다. 칠산바다에서 조기가 사라진 것입니다. 영광굴비의 본고장인 법성포도 함께 사라질 위기에 처했습니다. 그 많고 많던 조기가 자취를 감추자 여러 원인이 지목되었는데요. 우선 영광보다 남쪽에 자리한 가거도 주변 바다에서 조기를 잡아들이는 수가 크게 늘어 칠산바다까지 오지 못하는 것을 들 수 있습니다. 한편에서는 1980년대부터 가동하기 시작한 영광의 한빛원자력발전소에서 바다에 따뜻한 물을 쏟아 내며 수온이 변한 게 생태계에 영향을 끼쳤다고 주장하기도 합니다.

비록 칠산바다에서 조기는 더 이상 만나기 어렵지만, 법성포의 영광굴비는 명맥을 이어 가고 있습니다. 다른 바다에서 잡힌 조기를 법성포에 들여와 말려서 굴비를 만들고 있거든요. 굴비에 맛을 입히는 법성포의 기후 조건은 따라 할 수 없으니까요. '영광법성포굴비거리'에 가면 지금도 수십 곳의 식당에서 굴비 요리를 팝니다. 굴비구이 말고도 굴비매운탕, 고추장굴비 등 영광굴비로 만든 다양한 음식을 경험할 수 있습니다. 영광에 가게 된다면 칠산바다와 굴비에 얽힌 전설을 떠올리며 짭조름한 영광굴비를 꼭 한번 맛보길 바랍니다.

해돋이
좋아하세요?

경북 포항
구룡포과메기

겨울 바다 위
햇살에 녹인 맛

임진왜란을 예언했다고 알려진 조선 시대 역술가 남사고는 한반도가 오른쪽 앞발을 들어 연해주를 맹렬히 할퀴는 호랑이를 닮은 것으로 봤다고 해요. 이 주장을 지명에 반영한 곳이 있습니다. 한반도 동남쪽에 자리한 경상북도 포항시의 호미곶입니다.

'곶'은 바다를 향해 부리처럼 뾰족하게 뻗어 나온 육지입니다. 반도와 비슷하지만, 규모가 훨씬 작고 육지 끝이 칼끝처럼 날카롭게 생긴 땅을 곶으로 구분 지어 부르죠. '호미'는 한자로 '범 호虎'와 '꼬리 미尾'를 씁니다. 동해 바다로 툭 튀어나온 모양을 호랑이 꼬리로 해석해 붙인 이름입니다. 원래 이곳의 공식 지명은 장기곶이었는데, 호랑이를 닮은 한반도의 풍수지리적 의미를 부각하기 위해 2001년 호미곶으로 바뀌었습니다.

호미곶은 해돋이 명소로 유명해요. 2000년부터 '호미곶한민족해맞이축전'이라는 큰 행사도 열리고 있어요. 덕분에 매년 마지막 날과 새해 첫날에는 전국 각지에서 평소보다 훨씬 많은 여행객이 찾아옵니다. 동틀 녘이면 수많은 사람이 한겨울의 매서운 바닷바람에도 아랑곳하지 않고 호미곶 해맞이광장에 꽉 들어찬 모습을 볼 수 있는데요. 새벽 추위에 떨고 밤잠을 설치며 해돋이를 보고 나면 배가 얼마나 출출하겠어요. 바로 그럴 때 즐길 수 있는 포항의 별미가 있습니다. 쌀쌀한 계절이 제철인 구룡포과메기입니다.

관목, 관메기, 과메기

요즘은 과메기가 주로 말린 꽁치를 가리키는 말로 통하는데요. 북어처럼 습기가 완전히 없어질 때까지 꽉꽉하게 건조한 게 아니라, 살에 촉촉함이 어느 정도 남도록 꾸덕꾸덕 말린 것을 의미하죠. 그런데 과메기는 원래 꽁치 말고 청어로 만들었습니다. 재료가 바뀌게 된 사연은 뒤에서 다시 자세히 설명할게요.

과메기란 단어는 사실 표준어가 아니에요. 포항 등 경상북도 지역에서 쓰는 사투리입니다. 표준어로는 '관목'으로 씁니다. 《표준국어대사전》에 '말린 청어'라는 뜻으로 올라와 있어요. 한자로 '꿸 관貫' 자와 '눈 목目' 자로 표기하는데, '눈을 꿰다'라는 의미입니다. 이름이 무시무시하죠? 꼬챙이 같은 것으로 청어의 양쪽 눈알을 꿰뚫어서 줄줄이 매달아 말리기 때문에 이런 이름을 붙였다고 짐작됩니다. 《규합총서》에는 전혀 다른 의견도 있긴 해요.

> 비웃(청어) 말린 것을 세상에서 흔히들 '관목'이라 하니 잘못 부름이요,
> 정작 관목은 비웃을 들어 보아 두 눈이 서로 통해 말갛게 마주 비치는
> 것을 말려 쓰며 그 맛이 기이하다.

관목이란 이름은, 청어의 눈이 무척 투명해서 한쪽 눈알을 보면 다른 쪽 눈알이 관통해 비쳐 보이는 데서 비롯되었다는 주장입니다. 왼쪽 눈알을 보고 있는데 오른쪽 눈알이 겹쳐서 보이는 모습을 '관'으로 묘사한 것이죠. 이것도 상상해 보면 어쩐지 무시무시한데요, 어쨌든 포항 쪽 사투리로는 한자 '目'을 '목'이 아니라 '메기'라고 발음해 '관메기'라고 하다가 '과메기'로 변한 것으로 추정합니다.

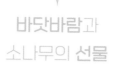

바닷바람과
소나무의 선물

과메기는 바닷가의 가난한 백성들을 먹여 살린 음식입니다. 포항에서는 어부들이 바다에 물고기를 잡으러 나갔을 때 식사 대신 챙겨 먹기도 했고요. 청어가 워낙 흔하고 값싼 생선이었던 덕분입니다.

청어는 차가운 바닷물을 좋아하는 한류성 어류입니다. 지구온난화로 수온이 올라간 지금과 달리, 과거엔 한반도 주변 바닷물이 차가워 청어가 살기 좋았습니다. 특히 포항 앞바다, 그중에서도 호미곶 주변 영일만은 청어가 알을 낳는 데라서 그 수가 무척 많았다고 해요.

호미곶면 구만리의 바닷가에는 '까구리개'라는 곳이 있습니다. '까구리'는 갈퀴를 뜻하는 경상도 사투리고, '개'는 바닷물이 드나드는 곳을 가리키는 말입니다. 과거 까구리개에는 바닷가에 밀려온 청어가 넘쳐 나서 갈퀴로 긁어모을 정도라 이런 지명이 생겼다고 합니다. 그런가 하면, 조선의 인문지리책《신증동국여지승람》(1530) 중 영일현(포항의 옛 지명) 편에는 '매년 겨울이면 청어가 맨 먼저 주진注津(영일만으로 흘러드는 형산강 하구)에서 잡힌다고 하는데 이를 나라에 바친 다음에야 모든 읍에서 고기잡이를 시작했다'는 기록이 있습니다.

이 황금 어장을 탐낸 일제는 작은 고깃배만 드나들던 구룡포에 방파제와 부두를 지었습니다. 청어를 가득 실을 수 있는 큰 어선이 정박하도록 항구를 마련한 것이죠. 영일만의 청어는 함경도의 명태, 연평도의 조기와 더불어 조선의 3대 생선으로 꼽힐 만큼 어획량이 늘었어요. 1932년 11월 28일 자 〈부산일보〉에는 구룡포 앞바다에서 겨우 두세 시간 만에 청어가 300만 마리나 잡히는 바람에 항구에 청어가 산처럼 쌓였다는 기사가 난 적도 있습니다.

너무 많이 잡히니까 옛날엔 상해서 그냥 버리기 쉬웠습니다. 그래서 상온에 오래 두고 먹을 수 있는 건어물인 과메기로 만들었는데, 호미곶 바닷가에서 말리면 유달리 맛있었습니다. 남부 지방의 바닷가인 포항은 한겨울에도 낮에는 비교적 날씨가 온화한데요. 청어가 밤에 얼어붙었다가 낮에 다시 녹는 과정이 반복되고 바닷바람이 머금은 물기가 더해지면서 꾸둑꾸둑한 식감이 났던 것입니다. 그렇다고 낮에 너무 따뜻하면 말리는 동안 썩어버릴 수 있죠. 하지만 겨울철 포항의 바닷가 기온은 영상 10℃를

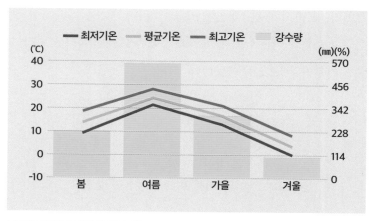

포항의 계절별 기온과 강수량(1991~2020) ©기상청 기상자료개방포털

넘지 않아서 상하지 않고 발효되어 감칠맛이 진해졌습니다.

호미곶 일대에 있는 포항의 시목(도시를 상징하는 나무) 해송(바닷가에서 자라는 소나무)도 과메기의 맛과 향을 더욱 끌어올린 비결입니다. 지금은 바닷가 덕장에서 과메기를 말리지만, 예전엔 주로 부엌 창가에 매달아 놓았습니다. 밥을 지을 때 땔감으로 쓰는 솔가지에서 연기와 함께 피어난 솔 향이 청어 살에 속속 배어들며 독특한 맛을 완성한 것이죠.

꿩 대신 닭,
청어 대신 꽁치

구룡포 앞바다에 가득하던 청어는 명태나 오징어처럼 차츰 사라집니다. 바닷물의 수온이 높아져 추운 북쪽 바다로 올라가버린 것입니다. 청어가 떠난 영일만에는 난류성 어류인 꽁치가 크게 늘어납니다. 1959년 5월 12일 자 〈조선일보〉에 실린 포항 취재 기사에서 당시 상황을 엿볼 수 있습니다.

꽁치잡이 어망이 걸려 있는 양지 어장 부근의 마을은 지금부터 한창 바빠질 것 같다. 그러나 답답해서 하는 것이 꽁치잡이일 것이다. 청어의 대군(큰 무리)이 검푸른 조류(물결)를 뒤덮고 정어리 떼로 백사장도 기름에 젖었을 옛날, 30년 전의 일을 회상하면 메루치(멸치)보다 크지만 메루치만 한 영양 가치도 없는 꽁치라는 건 그리 크게 반가운 대상이 못 된다. 그래도 잡아야 한다. 이것조차 없어지는 날엔 목구멍에 풀칠하기 정말 힘들 것이다.

청어는 이미 추억 속의 생선이 되었고, 영일만의 새 주인공으

꽁치를 말리고 있는 구룡포과메기 덕장

로 찾아온 꽁치는 '반가운 대상이 못 된다'며 홀대했습니다. 그야 말로 '목구멍에 풀칠하기' 위해 꽁치잡이에 나섰는데, 너무 흔해서 값이 폭락하는 바람에 팔아 봤자 남는 게 없다며 어민들이 아예 잡지 않은 적도 있었죠. 그러면서 청어 대신 만만한 꽁치로 과메기를 만들게 됩니다. 청어에 비하면 크기가 작고 살도 적으며 감칠맛이 덜하다는 불만이 적지 않았어요. 그래도 바닷바람에 말리면 과메기 특유의 꾸둑꾸둑한 식감은 낼 수 있었습니다.

최근엔 먼바다에서 잡은 원양산 꽁치를 구룡포 덕장에서 말려 과메기를 만든다고 해요. 수입산 청어로 만든 과메기도 등장했고요. 청어에 이어 꽁치도 1980년대 이후 포항 앞바다에서 점차 모습을 감췄기 때문입니다. 그래도 구룡포의 바닷바람만큼은 그대로이니, 겨울에 호미곶으로 해돋이를 보러 간다면 현지에서 방금 말려 내놓은 과메기에 도전해 보세요.

떠나간 굴들을
부르는 나라

충남 서산
간월도어리굴젓

충청남도 서산시에는 명소가 하나 있습니다. 서해 천수만 쪽으로 삐죽 튀어나온 바위 위의 아담한 절, 간월암입니다. 바위는 밀물이 들어차면 지대가 낮은 주변의 갯벌과 좁은 길이 바다 밑으로 잠기면서 섬이 되는데, 암자가 마치 바다 위에 떠 있는 것처럼 보여요. 갯벌 바닥에 살짝 차오른 바닷물에 그 자태가 데칼코마니처럼 비치면 더욱 아름답죠. 특히 하늘과 바다가 붉게 물드는 저녁 해넘이 풍경은 감탄이 절로 나옵니다.

이렇게 근사한 간월암을 구경하러 차를 타고 가다 보면 도로변에 있는 기념탑 하나를 볼 수 있어요. 무심히 지나치기 쉬운데, 맛집을 따라 지리를 탐구해 온 우리에겐 눈여겨볼 조형물입니다.

간월도

이 지역의 명물 먹거리를 기념하는 '간월도어리굴젓 기념탑'이거든요. 1990년에 세워졌는데, 음식을 주제로 만든 공식 기념탑으로는 한국 최초였다고 해요. 보통 기념탑이라고 하면 업적을 이룬 위인이나 기억할 만한 역사적 사건을 다루니까요.

그래서 마지막으로 우리가 이야기할 음식은, 기념탑까지 세워질 정도로 특별한 서산의 향토 음식 간월도어리굴젓입니다.

섬도 아닌데
섬이라고 부르는 이유

간월암과 간월도어리굴젓 기념탑이 있는 지역은 부석면 간월도리입니다. 간월도리에서 간월도는 한자로 '看月島'라고 쓰는데 '달을 보는 섬'이란 뜻이에요. 그런데 지도를 보면 좀 이상합니다. 간월도리는 부석면 남쪽 끝자락에 있는 육지거든요. 섬이라면 주위가 모두 바다로 둘러싸여야 하잖아요. 섬도 아닌 곳의 지명에 왜 '섬'을 의미하는 '島'를 넣은 것일까요?

결론부터 말하자면 간월도리는 원래 천수만에 자리한 섬이었어요. 섬 시절에 불리던 이름이 간월도입니다. 간월도가 육지로 변한 건 1980년대예요. 저출생 현상이 심각한 지금과 달리, 당시에는 비좁은 국토에 인구가 너무 많은 게 탈이었죠. 또 한반도의 지형은 산지가 대부분이잖아요. 산지는 집을 짓고 살기에 불편할 뿐더러 농사도 짓기 어렵습니다.

그래서 한국 정부는 간척 사업을 대대적으로 벌였어요. 바다를 메워 평야를 확보해 거주지와 농지를 늘리고, 인구 과밀 현상과 식량 부족을 해결하고자 했죠. 서해안과 남해안은 섬이 많고

서산 간척지

천수만은 물의 흐름이 빠르고 조수 간만의 차가 커서 물을 막는 데 어려움을 겪었다. 폐유조선을 바닥에 가라앉혀 물살을 가로막고서야 방조제 공사를 매듭지을 수 있었다.

갯벌이 발달한 데다 바닷물 깊이가 얕은 곳이 많아서 간척에 유리한데요. 안면도와 서산시, 홍성군 해안가에 아늑하게 둘러싸인 서산의 천수만 일대 해안 지형도 그렇습니다. 특히 남북으로 길쭉하게 뻗은 안면도가 서해의 파도를 막아 준 덕분에 천수만에는 드넓은 갯벌이 발달했죠. 이에 태안과 서산, 서산과 홍성 사이의 폭이 좁은 바다에 방조제를 쌓아 올려 천수만의 일부를 서산 간척지와 호수로 바꾸면서 간월도는 1984년 육지와 연결됩니다.

그 전까지 간월도는 바다와 갯벌로 빙 둘러싸여 있었어요. 갯벌은 유기물과 영양 염류가 풍부해 각종 해양 생물이 살기 좋은 환경이죠. 더구나 간월도 해안은 지리상 동쪽 예산군의 가야산에서 흘러내린 맑은 민물이 바닷물과 만나는 곳이라 예부터 굴이 많이 났습니다.

작아서 실하다

간월도의 굴은 다른 지역의 굴에 비해 작지만 살이 야무져 탄력이 있습니다. 이 일대의 해안은 조수 간만의 차가 무척 크기 때문입니다. 몸체가 자라려면 바다에 잠겨 있어야 하는데, 썰물로 물 밖에 나와 있는 시간이 길어서 덜 큰 것이죠. 또한 굴의 몸에는 '물날개'라고 불리는 잔털이 있는데, 간월도 굴은 물날개가 작고 많은 편입니다. 덕분에 젓갈로 담그면 양념이 잘 묻고 속까지 배어 맛이 한층 좋았습니다.

알 크기가 작고 물날개도 많이 나 있으니 소금을 20% 정도로 적게 넣고 젓갈로 만듭니다. 다른 고장의 굴은 소금을 조금만 넣어도 살이 물렁해지는데, 간월도 굴은 살이 단단해 탱글탱글한 식감을 유지합니다. 짠맛도 덜해 굴 특유의 맛과 향이 더 진하게 살아나는데요. 이렇게 만든 간월도의 굴젓은 그냥 굴젓이 아니라 '어리굴젓'이라고 부릅니다. 여기서 '어리'는 '덜 된' '모자란'이란 뜻이에요. 소금을 덜 넣은 굴젓이라서, 혹은 굴 크기가 작아서 붙인 이름이라고 합니다.

어리굴젓은 아주 오랫동안 섬 주민들의 밥상에 오른 것으로 보여요. 간월도에선 수백 년 전부터 불러 왔다고 추정되는 지역 민요인 〈굴 부르는 소리〉가 전해 내려옵니다. 지금도 이 지역의 여성들은 매년 정월 대보름날(음력 1월 15일) 하얀 소복 차림에 대바구니를 머리에 이고 노래를 부르며 굴이 많이 나기를 기원하는 의식을 치릅니다. 이 행사는 오늘날 '굴 부르기 군왕제'라는 지역 축제로 확대되어 열리고 있죠.

'어리젓 나라'에 닥친 시련

1924년, 〈개벽〉 제46호에는 서산군을 소개하는 기사가 실렸습니다. '어리젓(어리굴젓) 나라 서산군'이란 제목의 이 글에는 '서산군은 어리젓이 나는 곳으로(간월도 특산) 전국에 유명하니'란 설명이 나옵니다. 그때도 어리굴젓 하면 서산과 간월도를 떠올릴 정도로 명성이 자자했음을 알 수 있습니다.

그러나 간월도어리굴젓의 운명에는 시련이 기다리고 있었습니다. 바로 간척 사업입니다. 섬의 북쪽과 동쪽이 육지와 연결된 뒤, 맛있는 굴이 가득해 '굴밭'이라 불리던 갯벌의 면적은 확 줄었습니다. 또 대규모 공사가 이뤄지는 과정에서 갯벌 생태계가 파괴되며 굴이 거의 사라졌어요. 1982년 생산이 완전히 중단되자 한동안 다른 지역의 양식 굴을 섞어 만든 가짜 간월도어리굴젓이 유통되기도 했죠. 굴이 간월도를 먹여 살린다고 할 정도였으니 주민들의 생계는 큰 곤경에 처합니다.

간월도만의 문제는 아니었습니다. 갯벌에 사는 해양 식물과 다양한 미생물은 육지에서 쏟아져 나온 각종 물질을 분해하고 물을 깨끗하게 해서 바다로 내보내는데요. 간척 사업으로 갯벌이 사라지자 그 여과 기능도 함께 멈추면서 주변 바다의 생태계가 무너졌어요. 아울러 민물과 바닷물의 자연스러운 흐름이 방조제에 가로막히자 그곳에 적응해 살아온 생물들은 견디지 못했습니다. 그래서 최근에는 간척지를 다시 갯벌로 복원시키는 역간척 사업이 추진되고 있습니다.

삭막한 간척지에
다시 돌아온 굴

자취를 감췄던 굴이 다시 간월도 바닷가에 모습을 드러낸 건 1985년입니다. 남서쪽에 남아 있던 갯벌에서 드문드문 굴이 잡히자, 주민들은 굴 어장을 되살리기 위해 많은 정성을 기울였습니다. 그 결과 간월도에서 자란 굴로 담근 진짜 간월도어리굴젓을 생산할 수 있었어요. 하지만 한번 훼손된 자연과 생태계는 좀처럼 복원하기 어려운 법이죠. 굴 생산량은 전과 비교할 수 없을 정도로 크게 줄어들었고, 환경 변화가 워낙 심했던 탓에 어리굴젓의 향과 식감이 예전만 못하다는 지적도 있었습니다. 그래도 완전히 사라지지 않고 간월도의 명물로 부활한 건 다행입니다.

간척 사업 이후 육지와 연결되어 교통이 편해진 간월도에는 찾아오는 여행객이 늘었습니다. 이들을 대상으로 굴밥, 어리굴젓 등을 파는 식당이 하나둘 마을에 들어섰죠. 농지가 된 천수만 간척지엔 겨울 철새가 떼를 지어 날아드는 도래지가 자리하는데요. 수십만 마리의 새들이 하늘 위에서 한꺼번에 이리저리 날아다니는 진풍경을 구경한 뒤 겨울에 제철을 맞은 굴 요리를 먹으려는 사람들의 발길이 이어집니다.

그렇더라도 섬은 간척으로 인해 잃은 것이 더 많겠죠. 이야기를 시작하면서 꺼냈던 간월도어리굴젓 기념탑도, 실은 조상 대대로 물려받은 굴밭을 잃어버린 섬 주민들의 상처받은 마음을 달래기 위해 세웠다고 해요. 땅 한 평이 아쉬웠던 시절의 선택이었으니 지금의 잣대로 옳고 그름을 가리기는 어려울 겁니다. 이제부터라도 인간의 단기적인 이익만을 위해 자연을 거스르는 공사는 자제해야겠죠. 우리에게는 우리와 공존하는 다양한 동식물, 그리고 미래의 후손들에게 살기 좋은 환경을 물려줘야 할 책임이 있으니까요.

참고자료

1 당당한 축제의 주인공_축제 여행

〈춘천막국수〉, 한국민속대백과사전

《춘천백년사(하)》, 춘천시, 1996.

황교익, 《황교익의 행복한 맛 여행》, 터치아트, 2015.

춘천시 홈페이지: www.chuncheon.go.kr

춘천막국수닭갈비축제 홈페이지: http://www.mdfestival.com

춘천막국수체험박물관 전시물(춘천시 신북로 264)

의정부시사편찬위원회, 《의정부시사 제2권 매성, 양주, 의정부로의 변천》, 의정부
　　　시·의정부문화원, 2014.

의정부시사편찬위원회, 《의정부시사 제5권 의정부 주민의 삶과 생활》, 의정부시·
　　　의정부문화원, 2014.

〈톱클래스〉, 2008년 3월호.

"[막 오른 주한 미군 재배치] 3. 미 2사단 뒤로 빠지면", 〈중앙일보〉, 2004. 1. 27.

의정부시 홈페이지: https://www.ui4u.go.kr/bestfood/contents.
　　　do?mId=0500000000

의정부시 퓨전문화관광홍보관 전시물(의정부시 호국로 1314)

정윤화, 〈용의 터전에서 황태의 세상을 열다, 인제 황태 세상〉, 지역N문화:
　　　https://ncms.nculture.org/long-standing-shops/story/8098?jsi=

"덕장걸이 분주한 산촌의 겨울", 〈한겨레〉, 1993. 1. 20.
인제군 홈페이지: www.inje.go.kr

〈안동간고등어〉, 안동시농업기술센터
"英 여왕 생일상에 간고등어 오른다", 〈경향신문〉, 1999. 3. 12.
안동시 홈페이지: www.andong.go.kr
예미정 안동간고등어 홈페이지: godunga.co.kr

《이야기가 있는 문화유산 여행길: 서울·인천·경기권》, 문화재청, 2014.
인천광역시 문화유산과 시사연구팀,《인천역사문화총서95: 개항 이후 인천의 외
　　국인들》, 인천광역시, 2022.
"[(9) 이방인이자 동반자, 화교] 대륙서 넘어온 지 130여 년… 여전히 좁혀지지 않은
　　간극", 〈기호일보〉, 2015. 1. 27.
인천광역시 홈페이지: www.incheon.go.kr
인천중구시설관리공단 홈페이지: www.icjgss.or.kr
인천차이나타운 홈페이지: http://ic-chinatown.co.kr/
짜장면박물관 전시물(인천광역시 중구 차이나타운로 56-14)
신승반점 홈페이지: http://ss-chinese.com

2 도시의 대명사 _도시 여행

〈밀양시〉, 한국민족문화대백과사전
남찬원, 〈경기도 옛길 역사문화탐방로 영남길〉,《경기학광장》Vol.3, 경기문화재
　　단 경기학센터, 2019.
정윤화, 〈소뼈국물과 돼지수육이 어우러진 깊은 맛, 밀양 무안돼지국밥〉, 지역N
　　문화: https://ncms.nculture.org/food/story/763
밀양시 무안면 홈페이지: https://www.miryang.go.kr/twn/index.
　　do?owd=muan
밀양시 문화관광 홈페이지: https://www.miryang.go.kr/tur/Egov-
　　RestaurantList.do?searchCondition=6&searchKeyword=Y&mn-
　　No=50103000000

〈언양한우불고기〉, 디지털울산역사문화대전

김선주,《울산의 음식, 그 맛과 추억을 찾아서,》울산발전연구원 울산학연구센터, 2018.

울산광역시,《울산을 한권에 담다》, 휴먼컬처아리랑, 2017.

울산광역시 홈페이지: www.ulsan.go.kr

언양읍 홈페이지: www.ulju.ulsan.kr/eunyang

〈세발낙지〉, 한국민족문화대백과사전

목포시사편찬위원회,《목포시사》, 목포시, 2017.

김효경, 〈목포는 항구다, 서남해안의 관문 목포항〉, 지역N문화: https://ncms.nculture.org/river-n-sea/story/8343?jsi=

장현경, 〈귀빈 전용으로 탈바꿈한 침대차, 주한 유엔군사령관 전용 객차〉, 지역N문화: https://ncms.nculture.org/lture/story/7453

"[특집-목포 도시화, 100년을 말한다① 개항 전 목포] 600년 세월 깃든 강과 바다의 길목 '목포'",〈목포시민신문〉, 2022. 3. 6.

목포시 홈페이지: www.mokpo.go.kr

목포 문화관광 홈페이지: https://www.mokpo.go.kr/tour

김현미 외,《수원 우시장》, 경기도문화원연합회, 2018.

권중걸, 〈한양 80리를 잇는 효원의 도시, 수원 갈비〉,《식품문화 한맛한얼》V.2 no.4, 한국식품연구원, 2009.

박상두, 〈갈비하면 소갈비, 소갈비하면 수원, 수원하면 정조〉, 지역N문화: https://ncms.nculture.org/food/story/1811

유현희, 〈수원 우시장, 200년의 역사를 찾아서〉, 우리문화: http://urimunhwa.or.kr/data/vol294/sub/p06.php

"[김충영의 수원현미경(6)] 수원 첫 나들이가 역사가 되다",〈수원일보〉, 2021. 2. 15.

수원특례시 홈페이지: www.suwon.go.kr

수원관광 홈페이지: https://www.suwon.go.kr/web/visitsuwon/tour05/pages.do?seqNo=146

〈갈치〉, 한국민족문화대백과사전

〈서울남대문시장〉, 한국민족문화대백과사전

서울역사박물관,《남대문시장: 모든 물건이 모이고 흩어지는 시장백화점,》2013.

유성종 외,《고등학교 한국지리》, ㈜비상교육, 2018.

이헌동 외, 〈미래 수산물 구매 세대, 청소년의 수산물 소비 행태 및 인식 조사 결과〉, KMI동향분석 제146호, 2019.

"조선 시대 갈치 본고장은 지금의 남해안 아닌 인천을 포함한 충청 서해안", 〈YTN〉, 2015. 10. 30.

"한국인韓國人이 좋아하는 수산물水産物", 〈조선일보〉, 1984. 7. 26.

서울특별시 홈페이지: https://www.seoul.go.kr

마포문화관광 홈페이지: https://www.mapo.go.kr/site/culture/content/culture0301

중구 문화관광 홈페이지: https://www.junggu.seoul.kr/tour

남대문시장 홈페이지: http://namdaemunmarket.co.kr

〈연천냉면〉, 디지털농업용어사전

〈진주냉면〉, 디지털진주문화대전

〈냉면〉, 한국민족문화대백과사전

〈평양냉면〉, 한국민족문화대백과사전

박선영, 〈풍류와 함께 자라난 진주 향토 음식〉, 트래블아이: http://www.traveli.co.kr/read/contentsView/968/0/25/0

"[Weekend Interview] '의정부파' 평양냉면의 원조 김경필 할머니", 〈매일경제〉, 2017. 6. 2.

연천군 홈페이지: www.yeoncheon.go.kr

연천군 문화관광 홈페이지: https://www.yeoncheon.go.kr/seonsa/contents.do?ke=4013

3 산×강×바다_자연지리 여행

〈전주비빔밥〉, 한국민족문화대백과사전

전주대학교 한식조리특성화사업단,《참 맛있는 전주의 한식이야기 I》, 전주시청,

2011.

전주시청 홈페이지: www.jeonju.go.kr

전주시 문화관광 홈페이지: https://tour.jeonju.go.kr/index.jeonju?menuC-
    d=DOM_000000103001001002

전주음식 아카이브: http://www.jeonjufoodstory.or.kr/main/inner.php?s-
    Menu=A4000

전주다움(시정소식지): https://daum.jeonju.go.kr/web/page.php?p-
    code=E&webzine_code=mjxcysgaambav5h8

〈동래파전〉, 디지털부산역사문화대전

민경순, 〈부산의 전설, 동래파전!〉, 《다이나믹부산》, 2012.

정재홍, 〈서민의 애환과 기쁨이 어우러진 장터 음식의 대표 주자, 부산 동래파전〉,
《문화재사랑》 제131호, 2015.

오재환 외, 〈부산 음식관광 활성화 방안 연구〉, 부산발전연구원

정윤화, 〈조선의 경제외교도시 동래부가 낳은 '작은 산해진미', 동래파전〉, 지역N
    문화: https://ncms.nculture.org/food/story/1731

부산광역시 홈페이지: www.busan.go.kr

부산관광포털 비짓부산 홈페이지: www.visitbusan.net

동래구 홈페이지: www.dongnae.go.kr

기장군 홈페이지: www.gijang.go.kr

〈풍천장어〉, 디지털고창문화대전

고창군지편찬위원회, 《고창군지》, 고창군, 1992.

고창군 홈페이지: www.gochang.go.kr

선운사 홈페이지: http://www.seonunsa.org

《속초의 문화상징 50선》, 속초문화원, 2012.

《속초시사》, 속초시사편찬위원회, 2006.

이상국 외, 《청호동에 가본 적 있는지》, 속초문화원, 2018.

정윤화, 〈한국 현대사의 흔적을 고스란히 담고 있는 아바이마을 오징어순대〉, 지
    역N문화: https://ncms.nculture.org/food/story/768

"펄펄 끓는 지구, 한반도 어장 지도가 바뀐다: 2021 어종 변화 보고서", 〈현대해양〉, 2021. 9. 8.
아바이마을 홈페이지: https://www.abai.co.kr/

〈마음까지 따뜻해지는 장터 음식 '병천순대'〉, 디지털천안문화대전
〈연합이매진〉, 2017년 10월호.: http://img.yonhapnews.co.kr/basic/svc/imazine/201710/Food.pdf
천안시 홈페이지: www.cheonan.go.kr
천안시 문화관광 홈페이지: https://www.cheonan.go.kr/tour.do

4 항구와 섬이 만든 별미 _자연지리 여행 Ⅱ

〈통영시〉, 한국민족문화대백과사전
남원상, 《김밥》, 서해문집, 2022.
통영관광포털 홈페이지: www.utour.go.kr

〈제주흑돼지〉, 디지털제주문화대전
한국문화재정책연구원, 《문화재 이야기 여행: 천연기념물 100선》, 문화재청, 2015.
"[다시! 제주문화] (33) 똥돼지가 더럽다고?… 다 이유가 있었네!", 〈연합뉴스〉, 2022. 4. 17.
"'천연기념물 제주흑돼지'와 '식당용 제주흑돼지'가 다른 점?", 〈한겨레〉, 2015. 3 17.
제주특별자치도 홈페이지: www.jeju.go.kr
제주특별자치도 축산진흥원 홈페이지: http://www.jeju.go.kr/livestock/content/blackpig.htm

〈법성포〉, 한국민족문화대백과사전
〈영광굴비〉, 한국민족문화대백과사전
〈칠산바다〉, 한국민속문학사전(설화 편)
강문석, 〈조기 어장은 달라져도 굴비는 법성포에서〉, 지역N문화: https://ncms.

nculture.org/legacy/story/2849

"딱 하루 만에 수확한 여름 소금이 최고죠", 〈오마이뉴스〉, 2008. 8. 8.

영광군 홈페이지: www.yeonggwang.go.kr

영광군 문화관광 홈페이지: https://www.yeonggwang.go.kr/
　　main/?site=tour_2019

〈과메기〉, 한국민족문화대백과사전

권중걸, 〈맛길 따라: 시대를 앞서는 변화의 물결 포항 과메기〉, 《식품문화 한맛한
　　얼》 V.3 no.1, 2010.

정윤화, 〈영일만의 해풍이 만든 포항의 효자 식품, 구룡포과메기〉, 지역N문화:
　　https://ncms.nculture.org/food/story/1846

포항시 홈페이지: www.pohang.go.kr

포항시사: https://www.pohang.go.kr/pohang/2659/subview.do

포항시 꽝꽝여행 홈페이지: www.pohang.go.kr/phtour

구룡포과메기문화관 홈페이지: https://www.pohang.go.kr/pohang/7139/
　　subview.do

〈간월도어리굴젓〉, 디지털서산문화대전

〈간월도어리굴젓〉, 한국민족문화대백과사전

〈개벽 제46호〉, 국사편찬위원회(한국근현대잡지자료)

〈소비자시대〉, 1991년 3월호.

"서해안 지도가 바뀐다", 〈경향신문〉, 1984. 3. 20.

"'역간척' 시대 연 천수만… '방조제 허물어 생명의 갯벌로'", 〈한겨레〉, 2018. 11.
　　13.

서산시 홈페이지: www.seosan.go.kr

서산시 문화관광 홈페이지: https://www.seosan.go.kr/tour/contents.
　　do?key=6195

간월암 홈페이지: http://ganwolam.kr